my father's daughter

父親的寶貝女兒

author's note 作者附記

若是沒有茱莉亞，一年來孜孜不倦地不斷在我身後打點一切，本書絕對不可能完成。

她使我的自由瘋狂工作法，有了一點秩序。

她替我的每道食譜量化，測試再測試，她幫我確保攝影過程順利，

有危機時，她和我一起腦力激盪。

最重要的是，在成書過程中，她一直是我知性和感情上的最佳支柱。

contents

introduction

好吧，我是寫了本食譜。

為什麼？你可能會問。過去十年來，烹飪已成為我生活中的主要熱情奉獻之處。我一向喜愛食物，不斷找尋好吃的，常常自己下廚料理，當然更會自己吃下肚。這種對食物的強烈喜好，是受到我父親的潛移默化影響，他是一個了不起的人，他是一個對美食和美酒有深深熱愛的頂級美食家。

我一直和父親最為親近，他是我生命的摯愛，直到他在2002年去世。直到現在，我仍可聽到他在我身後不斷叮嚀，要我小心拿刀，他常常因為一口美味的食物，而發出愉悅的呻吟，那是只有道地長島(Long Island)出身的猶太人才有的本領，他用肩膀所作出的肢體語言，道盡了一切。我永遠忘不了他在廚房裡專注的神情，不了解他的人，很容易以為那是痛苦或不悅的表情。他做菜時一絲不苟，永遠講求精細，彷彿食物的美味，能夠點點滴滴地傳達出他對我們的愛。

MY CHILDREN'S MOTHER
我孩子的母親

我一直認為，讓孩子接觸到廚房工作的各層面，是很重要的事。當我的女兒 Apple 在 **2004** 年出生時，我總是把她用包巾綁在胸前（當她大一點了就綁在背後），同時在廚房切切剁剁，我還能只用單手操作呢！很快，當她能坐起來的時候，我就幻想家裡有張附輪子的超高高腳椅，可以讓她保持安全距離，又能看到我幫她打食物泥的過程。她總是想要看看鍋子裡有甚麼東西，對燉煮和煎炒的聲音好奇不已，或是不斷想要去抓那支大木匙，一邊思索它神祕的功用（是鼓槌嗎？還是磨牙用的？）。

　　小孩子天生就對作菜的過程充滿好奇——如此神祕，又彷彿有些危險，似乎只有大人才能參與。有熱火和刀子，難怪我兒子為之瘋狂。他就和我女兒一樣，最愛幫我在廚房準備一餐。我的秘訣是，只要他們願意，我就讓他們幫忙到底；因為他們遲早會走開，去玩別的，不過我的孩子現在都還一直保持興趣。

　　我相信，就是因為我一直讓他們小心地去作，似乎是超過他們能力所及的事，所以他們仍然興致高昂。當我抱著兒子，讓他可以替醬汁加鹽或攪拌東西時（在安全距離內並使用長柄木匙），我總是回想到父親曾提過的教養意見：他的理論是，當父母親願意交付給孩子超過他們期望的任務時，孩子們會戰戰兢兢、全力以赴，當他們感受到這種信任，並且成功地達成任務時，不但自尊心因此提升，父母和孩子的連繫也會加強。這就是為什麼我願意讓他們參與一些較困難的工作，同時小心地監督。

　　我們三個常常一起下廚作飯，這是我最享受的活動之一，大家沉浸在一項共同任務裡，一邊作晚飯，一邊享受樂趣，這是時間不夠用的人的夢想，在享受美好的親子時光之餘，又完成了清單上的待辦事項。

1. 轉動胡椒研磨器(pepper grinder)。

2. 加入少許鹽巴和其他的辛香料。

3. 在攪拌盆裡攪拌麵糊以及麵團。

4. 在吐司麵包上抹奶油。

5. 幫蛋糕模抹上奶油。

6. 幫馬芬模(muffin tins)放入紙襯。

7. 敲開蛋殼。

8. 將沙拉醬汁(dressing)攪拌均勻。

9. 讓他們按電器開動的按鈕(當然必須要在場監督)。

10. 將食材放入果汁機、攪拌盆等容器內。

11. 測量時，將多餘的麵粉、糖等從量杯口抹平。

12. 使用壓蒜器壓碎大蒜。（小心手指！）

我相信，孩子應該對食物有所了解，並且學習如何處理準備食材。我認爲這和其他的生活技能一樣重要，或者可說是其中最重要的，因爲這樣，他們在長大以後才能控制自己的健康。他們現在已能清楚表達自己的喜好了，對於事情的做法，也常常有自己的意見。

以下，我列出了一些能夠讓他們參與烹飪過程的方法，也許你也可以將之納入你的日常計劃當中。

1. 一起去菜市場或超級市場。給孩子他們自己的提籃，讓他們去挑選自己喜歡的蔬菜、穀物或魚類，只要是新鮮或乾燥的都可以，就是不要加工過的(processed)。接著根據他們挑選的食材來搜尋食譜，讓他們自己選喜歡的。食材導向、準備過程簡單的食譜書非常適合(如羅絲蓋瑞 Rose Gray 和露斯羅傑斯 Ruth Rogers 的 *River Café Cookbook Easy* 和愛莉絲‧華特斯 Alice Waters 的 *The Art of Simple Food*，你也可以上 epicurious.com 或其他食譜網站)。如果孩子夠大，可以請他們幫忙清洗和準備食材的工作。我的孩子發現自己能夠幫忙做出全家共享的餐點時，都會露出驕傲的笑容。

2. 打造一個廚房小菜園。你可以到住家附近的花圃購買幼苗，或利用網路訂購種籽。小孩子喜歡觀看植物生長的過程，尤其是他們自己選擇的香草植物或蔬菜。如果你有花園的話，可以開墾一小塊地來種蔬菜或香草植物，也可以種在花盆裡，放在向陽的窗台邊或是逃生梯(fire escape)上。幫植物澆水，或是用尺來量它們的生長狀況，都是很有趣的事。給孩子們摘蔬菜和香草植物的小籃子，讓他們自己動手來採摘或剪取。(你會發現，用孩童專用的剪刀來剪細香蔥，出奇地好用。)

3. 討論食物的季節性，以及植物為何需要不同的溫度來生長。根據蔬菜生長的季節，來製作一個表格，從現在所處的季節開始。將當季的水果和蔬菜，刪減到三、四項，然後討論喜歡的料理方式。前往本地的菜園，或加入可以親自採摘當季蔬果的農產合作運銷會(co-up)。找出一樣本地不生產的食物，說明一下它的歷史，讓孩子思考它從生長地運送到自家廚房的過程。

4. 親手從頭製作特別的點心。孩子喜歡澱粉類食物，這也難怪，因為實在好吃極了。在廚房裡，我們喜歡炸薯條，所以我常做來滿足孩子的胃口，但我不至於每天或每週都做一次。我一定會使用有機的蔬菜油和馬鈴薯，以說服自己，炸薯條其實很健康。好吧，它也許真的不是，但是我至少能確保它主要的材料來源。我也會試著用比較健康的選擇，來和較不健康的點心輪流變化，例如烤地瓜薯條，加上番茄醬一樣很好吃，但是比高溫油炸的馬鈴薯條健康多了，全麥義大利麵和糙米飯，加上美味的醬汁也會變得吸引人。至於甜點，自己做的版本一定會比超市買的強，因為不含防腐劑和其他劣質原料。還有我一定讓孩子把碗舔乾淨，以犒賞他們的專心工作！

5. 讓孩子接觸來自其他國家和文化的味道。一種好玩的方式，是詢問孩子他們認為住在遙遠異國的孩子都吃些甚麼。查詢一下一些有名的料理，然後看看他們對哪些有興趣。接著製作菜單計劃，針對一個主題來烹調整道餐點，如墨西哥、日本、泰國，選擇太多了，你可以每周挑一個國家來玩，你甚至可以搭配當地的音樂來啟發更多靈感。

6. 讓孩子來測量食材的份量。這是很好訓練數學能力的方式。如果食譜需要一杯的麵粉，我會給我女兒一個三分之一杯的量杯，然後問她要在攪拌盆內倒入幾次這種量杯才夠。你可以視情況調整這種訓練的難易程度。

how to use this book 如何使用本書

為了協助你根據時間長短和場合來挑選食譜，
每道食譜都附上了以下圖示：

| 可以事先準備 | 快速 | 奶蛋素 | 純素食 | 一鍋搞定 | 特殊場合* |

* 足夠全家人共享的一餐，在準備中、烹飪時、上菜前，都可再加以調整，
以適合普羅口味或飲食較為講究的人。

有些食譜標上了" 純素版本 Make It Vegan"、"適合孩童的版本 Make It Kid Friendly" 等，
可以根據你和孩子的喜好來做調整。

trust yourself 相信自己　我不是一個專業的廚師，我只是一個業餘的食物愛好者。我經過了無數的實驗和（多半是）失敗，才學會烹飪。這些年來，我學會了三個基本要領：控制火候 —— 仔細留意火候的大小，火太大時常常會導致美味流失（當然也有例外的時候）—— 相信自己，以及隨時嚐嚐味道。當你懷著恐懼準備一道菜，覺得可能會失敗時，結果通常也好不到哪去。要懷著期待美味的心情來料理，還有別忘了調味的重要。那最後的一小撮鹽，和幾滴檸檬汁，可能是最重要的一個步驟，尤其你煮的是簡單原味的食物時。

the well-stocked
pantry

準備充份的常備食品櫃

奇怪的是，我最神奇的廚房創意，

有時是來自於臨時被迫準備晚餐的時候。對於下班回家就要做菜，因此沒有時間上超市的人來說，準備齊全的食品櫃十分重要。食品櫃對我來說，不是只有存放乾貨和罐頭食品的地方而已。我一定還會準備保鮮期較長的大蒜、洋蔥、紅蔥頭、根莖類蔬菜等，以及事先做好放在冰箱的東西——慢烤番茄（Slow-Roasted Tomatoes 見 **32** 頁）、基本番茄醬（Basic Tomato Sauce 見 **30** 頁），還有芹菜、蔥韭、紅蘿蔔和用濕紙巾包好的香草植物。有了準備齊全的食品櫃，臨時起意想料理豐盛的一餐也不是問題。

左頁，由左至右：強度龍舌蘭花蜜（dark agave nectar）、淡度龍舌蘭花蜜（light agave nectar）、蜂巢（honeycomb）、楓糖漿（maple syrup）、麥蘆卡蜂蜜（manuka honey）、糙米糖漿（brown rice syrup）

ESSENTIAL FOOD ITEMS
TO KEEP IN YOUR KITCHEN
廚房必備的基本材料

油 Oils

橄欖油 Olive（我特別偏愛產自西班牙和義大利的特級初榨橄欖油）

菜籽油 Canola（適合烘焙和製作沙拉醬汁）

紅花油和花生油 Safflower and peanut（適合煎炒炸）

葡萄籽油 Grapeseed（適合製作沙拉醬汁）

麻油和辣椒麻油 Toasted sesame and hot pepper seame（適合用來調味）

醋 Vinegars

我通常使用紅酒或白酒醋，但是其他種類，如葡萄酒醋 balsamic、米酒醋、雪莉醋和香檳醋等，可備在手邊做變化。

調味品和醬汁 Concdiments and Sauces

素蛋黃醬 Vegenaise （這我最常用且最喜愛的佐料。多數的雜貨店和健康食品店都可購得——不幸的是，在倫敦還買不到。一般的蛋黃醬也可以使用，但這會是比較健康的選擇。）

第戎芥末醬 Dijon mustard

粗粒芥茉醬 Coarse seeded mustard

番茄糊 Tomato paste

墨西哥(恰路拉)辣醬 Cholula hot sauce

是拉差辣椒醬 Srirache（市售或自製皆可，見35頁）

味噌 Miso（白味噌、大麥味噌和紅味噌）

無添加糖的花生醬 Unsweetened peanut butter

優質果醬和糖漬水果 Good jams and preserves（包括薑、覆盆子、藍莓和杏桃口味）

純佛蒙特楓糖漿 Real vermont maple syrup

味醂 Mirin

魚露 Fish sauce

醬油 Soy sauce

有機氨基酸豉油 Bragg Liquid Aminos

罐頭食品 Canned Goods

鮪魚罐頭 Canned tuna（以橄欖油浸泡封裝）

鯷魚 Anchovies ！

豆類 Beans（包括大紅豆 kidney beans、黑豆 black beans、白腰豆(加納立豆)cannellini 和白鳳豆 butter beans）

整顆去皮含原汁的罐裝番茄 Canned whole peeled tomatoes with their juice

米、麵和豆類食物 Rices, Pastas, Legumes

乾燥扁豆 Dried lentils

義大利麵 Pastas（包括 spaghetti, penne, pappardelle, rigatoni, macaroni 以及全麥義大利麵 whole wheat pasta）

蕎麥麵 Soba noodles

短糙米(粳米糙米)Short-grain brown rice

西班牙長米 Bomba rice（西班牙海鮮飯所用的米）

常備品 Go-To Produce

洋蔥 Onion（黃洋蔥和紅洋蔥）

大蒜 Garlic

生薑 Fresh ginger

檸檬 Lemons

芹菜 Celery

紅蘿蔔 Carrots

香草 Herbs（包括羅勒 basil、巴西里 parsley、香菜葉 cilantro 和細香蔥 chives）

冰箱裡 In the Fridge

有機奶油 Organic butter

大型有機雞蛋 Organic large eggs

培根 Bacon（我使用很多火雞和鴨的培根）

起司 Cheese（包括帕瑪善起司 Parmigiano-Reggiano 和
其他硬質起司，如果放在不透氣的容器內或用塑
膠袋裝好，它們可以保存很久。還有戈根索拉
Gorgonzola 和臭札里拉起司 mozzarella —— 這兩者
只有二到三天的保存期 —— 以及口味強烈的切達起
司 Cheddar）

冷凍庫裡 In the Freezer

高湯 Stocks
蔬菜高湯 Vegetable Stock（見36頁）
魚高湯 Fish Stock（見40頁）
雞高湯 Chicken Stock（見39頁）

冰淇淋 Ice cream

冷凍蔬菜 Frozen vegetables（包括豌豆、玉米和毛豆
edamame）

烘焙用 For Baking

竹芋澱粉又稱葛粉或玉米粉
Arrowroot starch or cornstarch

烘焙用小蘇打粉 Baking soda

泡打粉 Baking powder

淡度龍舌蘭花蜜 Light agave nectar

糙米糖漿 Brown rice syrup

麵粉 Flours（包括有機斯佩特小麥粉 * white spelt、有
機全麥粉 whole spelt、蕎麥麵粉和無漂白多用途
麵粉）

糖 Sugars（包括未加工黑砂糖 dark brown、糕點用細砂
糖 confectioners sugar、二砂糖 granulated cane）

香草莢和／或香草精 Vanilla beans and / or extract

香料架 The Spice Shelf

馬爾頓天然海鹽 Maldon salt

粗鹽或無添加的潔淨鹽又稱猶太鹽 **
Coarse or kosher salt

印度什香粉 Garam masala

芹菜籽 Celery seeds

肉桂 Cinnamon（包含整根肉桂棒，以及磨碎的肉桂粉）

小茴香 Cumin（包含整顆以及磨碎的粉）

辣椒粉 Chili powder

紅辣椒片 Red chile flakes

茴香籽 Fennel seeds

莞荽籽 Coriander seeds

肉荳蔻 Nutmeg

黑胡椒粒 Black peppercorns

西班牙紅椒粉 Pimento

整顆的乾燥辣椒 Dried whole chiles

番紅花 Saffron

丁香 Cloves（包含整顆以及磨碎的粉）

薑粉 Ground ginger

日本芥末粉 Wasabi powder

其他材料 Some Other Ingredients

柴魚片、昆布、海帶芽和韓國泡菜
Bonito flakes, kombu,wakame and kimchi
（可在網上或亞洲超市買到，見266頁）

鹽漬酸豆又稱續隨子 Salt-packed capers

亞瑟王麵包粉或零零麵包粉 King Arthur bread flour or
00 flour（兩種高蛋白質"bread"和"pasta"，可以製
作披薩皮和義大利麵的麵粉種類，可上網或在義大
利食品專賣店購得）

堅果 Nuts（包括杏仁、核桃和胡桃 pecans）

種籽 Seeds（包括葵花籽、南瓜籽和芝麻）

乾燥水果 Dried fruit（包括葡萄乾和蔓越莓乾 cranberries）

編註：* spelt 斯佩特是小麥品種。
** kosher salt 潔淨鹽又稱猶太鹽，是指沒有添加碘或任何其他添加
物的鹽，因為符合猶太人要求的飲食而製成，所以又稱猶太鹽。

RECIPES FOR STOCKS, SAUCE & SPECIAL INGREDIENTS
高湯、醬汁和特殊材料的食譜

基本番茄醬汁 basic tomato sauce

這是一道簡單而完美的番茄醬汁，用小火慢煮的方式帶出自然甜味，它是搭配
本書許多食譜的基底醬汁，單獨料理義大利筆管麵或細麵也很美味。我女兒非
常愛吃，也許真是太頻繁了，我兒子比較喜歡青醬（pesto）。

2　大匙特級初榨橄欖油

6　瓣大蒜，去皮切薄片

4　大片新鮮的羅勒葉（basil）

2　個28盎司共約1.6公升含原汁
　　的去皮番茄罐頭

　　粗鹽

　　現磨黑胡椒

在大型平底深鍋內加入橄欖油，以小火加熱，加入大蒜炒5分鐘。加入2片
羅勒葉並攪拌1分鐘。加入番茄和其汁液，以及剩下的2片羅勒葉。將火轉
大，待醬汁沸騰後將火轉小，加入鹽和胡椒調味，以小火微滾的方式煮45分
鐘，不時攪拌並用木匙將番茄壓扁。冷卻後放冰箱冷藏。

份量：4杯 · 積極準備時間：15分鐘
全程準備時間：1小時

烤甜椒
roasted bell peppers

烤甜椒是我父親(滿懷驕傲)最先學會的前菜之一。他做的方式是將烤過、剝皮後的甜椒,用橄欖油和(辛苦地)切得極薄的大蒜醃一個晚上,第二天從冰箱取出撒上一些鯷魚和切碎的義大利巴西里(parsley)。上菜時,他的臉上有這麼大的笑容,好像他征服了一道無敵美味的難題。家裡如果常備有烤甜椒很方便,可以搭配布魯斯特製(à la Bruce)、烤蔬菜三明治、帕尼尼(panini),或放在尼斯沙拉(salad niçoise)上。

用瓦斯爐的大火直接來烤整顆甜椒,用長夾(tong)夾著慢慢旋轉,直到全部烤黑。要有耐心,裡面的肉要完全變軟而且皮要完全烤焦才行,約需15至20分鐘。甜椒烤熟後,放入大型玻璃或金屬碗,用保鮮膜封好靜置冷卻到可用雙手剝皮為止(封好的碗使蒸氣無法逸出,便甜椒易於剝皮)。也可使用塑膠袋。

　　冷卻後,將烤焦的皮剝下丟棄,必要的話可用自來水沖洗,將所有的外皮去除。將甜椒切半,取出種籽丟棄,抹上一點橄欖油,存放在密閉容器內,可在冰箱保存1-2週。

 　份量:彈性變化 · 積極準備時間:½小時 · 全程準備時間:1小時

香草糖
vanilla bean sugar

真正的香草莢,可為你的甜點增色不少,刮出種籽後加入麵糊、法式吐司或其他你喜歡的食物內都好。空的香草莢不要丟到垃圾桶或廚餘桶,我都將它放入有機糖的罐中,用來烘焙時會發散自然香味。

慢烤番茄 slow-roasted tomatoes

它是食品櫃的必備品。這種料理方式，可以使最平淡無味的冬季番茄變得甜美
多汁。我的冰箱裡一定有它，可為三明治、沙拉、起司盤等增添風味。

帶藤熟成番茄(vine-ripened tomatoes)

橄欖油

鹽

烤箱預熱到140℃（275℉）

　　將番茄水平切半，抹上一點點橄欖油和鹽，切面朝上放入烤箱，用
140℃（275℉）烤3-5小時，或直到看起來像太陽曬乾的樣子（番茄邊緣會焦
糖化，所有水份幾乎被蒸發）。加一點橄欖油放在密閉容器內，可在冰箱保
存一週以上，所以可以一次多做一點。

 份量：彈性變化 · 積極準備時間：5分鐘
全程準備時間：3-5小時

"I'm not gluten free but I like gluten-free food."

我不是麩質過敏者，但是我愛無麩質的食物。

— APPLE

蔬菜高湯 vegetable stock

優質高湯是冷凍庫的必備品。市售的蔬菜高湯多半平淡無味，因此我開始自己
製作、冷凍這種有深度的蔬菜高湯。它可爲蔬菜湯和蔬菜餡料增添風味。

1 大顆黃洋蔥，去皮切塊

2 大顆紅蘿蔔，去皮切塊

1 株芹菜，切塊

1 大株韭蔥(leek)，切塊

3 瓣大蒜，去皮、用刀身拍碎

4 枝新鮮的巴西里(parsley)

4 枝新鮮的百里香(thyme)

2 枝新鮮的茵陳蒿(tarragon)

1 片月桂葉(bay leaf)

1 小匙粗鹽

1 小匙黑胡椒粒

3 夸脫(quarts)約2.8公升冷水

將所有材料放入大鍋內混合。加熱到沸騰，轉小火，慢燉45分鐘。冷卻後過
濾倒入乾淨的容器內。

在冰箱可保存1-2週。在冷凍庫可保存6個月。

 份量：3夸脫約2.8公升 · 積極準備時間：10分鐘
全程準備時間：1小時外加冷卻的時間

雞高湯 chicken stock

這道簡單易做的雞高湯，容易上手，是極佳的基底湯頭。務必使用有機雞隻！

1　隻有機全雞，清洗乾淨並擦乾
　　（見43頁以鹽擦洗家禽類）

1　小匙黑胡椒粒

1　片月桂葉

2　株芹菜，切塊

1　大顆黃洋蔥，去皮切塊

2　根紅蘿蔔，去皮切塊

3　枝新鮮巴西里（parsley）

3　枝新鮮百里香（thyme）

1　小匙粗鹽

將全部材料放入大型湯鍋內，加入可淹沒材料高度的冷水（應需3夸脫約2.8公升）。用大火加熱到沸騰，將表面的浮渣撈除，轉成小火慢燉1½小時。待高湯冷卻後過濾，倒入容器內置於冷凍庫。雞肉可以做成雞肉沙拉，或撕碎加入過濾好的高湯內，再加上兩根切片的紅蘿蔔與一些芹菜丁，即成美味的熱湯。

　　在冰箱可保存1-2週，在冷凍庫可保存6個月。

份量：約10杯・積極準備時間：10分鐘
全程準備時間：2小時加上冷卻時間

魚高湯 fish stock

魚高湯是製作西班牙海鮮飯、魚湯、義大利燉飯的基本高湯。可以一次做大份量，然後冷凍起來。像其他的高湯一樣，事先準備好之後就很方便，尤其是臨時需要下廚時。

4隻龍蝦的殼，或是6隻蝦子（shrimp）的頭和殼（我會在豐盛的晚餐之後將它們保留起來放在塑膠袋裡冷藏）。

1 條大比目魚（halibut）的魚骨頭（或是任何非油魚的骨頭，可向魚販詢問，通常都很樂意奉送）

2 株芹菜切塊

1 顆黃洋蔥，去皮切塊

1 株大韭蔥（leek），清洗乾淨切塊

3 根紅蘿蔔，去皮切塊

2 片月桂葉

3 枝新鮮的巴西里（parsley）

1 大匙的胡椒粒

1 大匙粗鹽或馬爾頓 Maldon 天然海鹽

將所有材料放入一個大湯鍋內混合，加入冷水蓋過，加熱到沸騰，同時去除表面的浮渣。轉小火後慢燉25-30分鐘，高湯冷卻後再過濾倒入容器內冷藏，或直接用來做湯或海鮮飯。

在冰箱可保存1-2週，冷藏可保存6個月。

 份量：約5夸脫（約4.7公升） ．積極準備時間：10分鐘
全程準備時間：40分鐘加上冷卻時間

IF YOU HAVEN'T HAD TIME TO GO TO THE HEALTH FOOD OR SPECIALTY STORE...

如果沒有時間採買或無法取得時的代用品

如果能盡力選用較好的材料，身體會感激你的。

如果你沒有 ...	你可以使用 ...	為什麼要如此麻煩的原因 ...
斯佩特小麥粉 Spelt flour（白麵粉或全麥）	等量的未漂白多用途麵粉（中筋），或全麥麵粉	雖然它含有麩質（gluten），但比一般的小麥麵粉容易消化，對人體系統的負擔較小。
大麥麵粉 Barley flour	等量的未漂白多用途麵粉（中筋），或全麥麵粉	它來自大麥，含有所有的八種基本氨基酸，比白麵粉更能控制血糖。
蕎麥麵粉 Buckwheat flour	等量的未漂白多用途麵粉（中筋），或全麥麵粉	蕎麥麵粉亦含有八種基本氨基酸，可說是一種超級食物，富含銅、鐵、維他命 B 群、鎂、磷、鋅和類黃酮，它可降低膽固醇、降低血壓和葡萄糖濃度，富含纖維且不含麩質。
生的未精製黑砂糖 Raw unrefined dark brown suagr	黑砂糖（Dark brown sugar）	未精煉的砂糖，是直接從甘蔗提煉出來的未加工產品，具有抗氧化劑。一般市售的黑砂糖，其實只是在加工過的白砂糖裡添加了糖蜜（molasses），以改變其顏色和風味。
B 級純佛蒙特楓糖漿 Grade B real Vermont maple syrup	3 份蜂蜜加上 1 份水，或每 ¾ 杯楓糖，可用 1 杯白砂糖代替	升糖指數（glycemic index）低，富含錳和鋅，是北美洲所產優良食材之一。我的廚房裡一定少不了它。
淡度龍舌蘭花蜜 Light agave nectar	等量的糙米糖漿（brown rice syrup），或 3 份蜂蜜加上 1 份水	龍舌蘭花蜜的升糖指數極低，且富含多種礦物質如鉀、鎂、鐵、鈣。
豆漿、米漿、杏仁奶和麻仁乳 Soy milk, rice milk, almond milk, hemp milk	牛乳	這些牛乳替代品有許多益處，尤其適合乳糖不耐的人。米漿、杏仁奶和麻仁乳尤其富含營養素且容易吸收。
火雞、鴨和／或天貝培根 Turkey, duck, and / or tempeh bacon*	豬肉培根	如果你不執著一定要四腳動物的肉，但仍喜歡培根的風味，你可以有另一種選擇。D'Artagnan 鴨肉培根是其中極品。
素蛋黃醬 Vegenaise	蛋黃醬（Hellmann's mayonnaise）	這是我在地球上最喜愛的東西之一。你絕對無法分辨它和真正蛋黃醬的不同，而它卻沒有膽固醇的危險。我不是純素主義者，但每天都會寧願選擇這個勝過蛋黃醬。

* 編註：天貝 tempeh 是以黃豆發酵製成的一種印尼傳統食品，蛋白質含量高，以其製成培根的外型。

一級棒味噌湯
best miso soup

在我嚴格遵行延壽飲食(MACROBIOTIC)的時期裡,每天早晨一定會喝味噌湯,而且有時候晚餐也喝。後來,它變成很能慰藉我的食物之一。它富含礦物質,而且據說能抵銷體內的輻射和游離基(free radicals),每次看到孩子用瓷湯匙大口地喝下肚,我都很高興。如果剛好想要清爽一點的甜味時,我會使用白味噌(white miso);若是想要味道厚實一點,則會改用大麥味噌(barley miso)。

6 杯水,最好是過濾水(filtered)

1 杯柴魚片(dried bonito flakes)

3 朵乾香菇(dried shiitake mushrooms)

1 片4吋長的乾燥海帶芽(dried wakame seaweed)

¼ 杯又2大匙的味噌醬(miso paste)

2 杯西洋菜(watercress),洗淨(可省略)

用小型湯鍋將水加熱,當邊緣開始浮出泡泡時,加入柴魚片,轉小火慢燉2分鐘。

關火,讓高湯靜置5分鐘。將高湯過濾到另一個乾淨的湯鍋內,丟棄柴魚片。在高湯內加入乾香菇和海帶芽,以小火慢煮20分鐘。

舀出香菇和海帶芽。切掉香菇蒂,將香菇切絲放回湯內。海帶芽切成小塊,丟棄粗梗部分後,也放回湯內。

在小碗內,將味噌醬混入一點高湯攪拌開來,倒回湯鍋內慢煮,留意不要使其沸騰。如果使用西洋菜,在最後一刻才加入,然後上菜。

份量:4人份 • 積極準備時間:10分鐘 • 全程準備時間:½小時

可以事先做好日式高湯出汁(dashi)—也就是柴魚片、乾香菇和海帶芽的高湯—要吃時,再加入味噌即可。

墨西哥酸辣湯
tortilla soup

我愛上墨西哥酸辣湯(和所有德州墨西哥食物),是 1992 年在德州奧斯汀拍電影"無情大地有情天 Flesh and Bone"的時候(我當時 19 歲)。演的只是一個小角色,所以有很多時間去發現德州菜的美好 — 墨西哥鄉村蛋餅 huevos rancheros、德州燒烤胸肉 BBQ brisket — 也愛上了各種辣椒的味道。墨西哥酸辣湯成為我最常吃的食物,在旅館的房間內,享用著這道湯的辛辣和溫熱,使我少年的心受到撫慰。它通常是用雞肉做的,但為了女兒,我研發出素食的版本,效果出奇的好。如果你買不到所需的辣椒,可以查詢 **adrianascaravan.com**。

2 夸脫(quarts)約 1.9 公升的蔬菜高湯(見 36 頁),或現成的低鈉(low-sodium)蔬菜高湯

1 把新鮮香菜(cilantro),將葉子摘下

2 顆中型的乾燥紅辣椒(最好是新墨西哥 guajillo 或 cascabel 辣椒)

5 瓣去皮大蒜,2 顆壓扁,3 顆切碎

¼ 杯又 1 大匙的蔬菜油

1 顆黃洋蔥,去皮切丁

1 罐 14 盎司約 400 毫升的整顆去皮番茄罐頭及原汁

大撮的粗鹽

¼ 小匙現磨黑胡椒

1 顆酪梨,去皮去核切丁

2 根蔥(scallions)切蔥花

½ 顆的萊姆(lime)汁

4 片高品質的墨西哥玉米餅(tortilla)

將蔬菜高湯放入湯鍋內,加入香菜莖、1 顆辣椒和壓扁的大蒜,用極小火加熱。

同時,將另一顆辣椒放在爐火上烤,直到發出香味。取出,切碎,丟棄梗和種籽,放置一旁備用。在中型平底鍋內,以中火加熱 1 大匙的蔬菜油。加入洋蔥、切碎的大蒜,和切好的辣椒。嫩煎(sauté)約 5 分鐘,或直到洋蔥開始變色。加入番茄及原汁、鹽和胡椒,將火轉到極小,煮 40 分鐘,或直到所有水份幾乎完全蒸發為止。不時攪拌,並將番茄稍微壓碎。

將番茄糊倒入料理機(blender)內,加入 1 大湯杓(ladelful)的高湯,打至質感滑順。將香菜莖、辣椒和大蒜,從蔬菜高湯內取出,加入打好的番茄糊,攪拌混合均勻。以極小火煮 1 小時,使味道充份融合,必要的話以鹽和胡椒調味。

要上菜時,切碎 2 大匙的香菜葉,和酪梨、蔥一起放入一個小碗內,再擠上萊姆汁後拌勻。將玉米餅切成 ½ 吋約 1.3 公分的條狀,在平底鍋內加入 ¼ 杯的蔬菜油,以中火煎玉米餅約 1½ 分鐘,或直到變色變酥脆。然後放在廚房紙巾上將油瀝乾。

用大湯杓將湯舀入 4 個碗內,平均地將玉米餅和酪梨醬擺在每碗湯上。吃的時候,用玉米餅沾一點湯,使其軟化,要咬一口前再配上一點酪梨醬。

份量:4 人份 。 積極準備時間:½ 小時
全程準備時間:1 小時又 10 分鐘

綠花椰菜和起司湯
broccoli & cheese soup

還好，我的孩子愛吃綠花椰菜。雖然有時候我們像聯合國開會一樣，不斷協商
應該要吃多少才能獲准吃冰淇淋。一般來說，他們還蠻喜歡這種蔬菜的。有時
候想來點變化，就可以做這道湯。我自己喜歡加點口味較重的史地頓 Stilton 藍
紋起司（我的家人都深知，並畏懼我對濃烈起司的特殊愛好）；孩子們則喜歡加
切達起司（Chedder）。你可以自行調整起司的濃淡口味，這道湯都會一樣好吃。

2　大匙的特級初榨橄欖油

2　瓣大蒜，去皮切片

1　顆黃洋蔥，去皮切碎

2　顆大型綠花椰菜（約 1⅓ 磅＝
　　600 克），切成小株

1　夸脫（quart）約 950 毫升的蔬菜
　　高湯（見 36 頁）、雞高湯（見 39
　　頁）或水

½　小匙粗鹽

¼　小匙現磨黑胡椒，外加上菜時
　　需要的份量

1　杯芝麻菜（rugula），也可使用
　　西洋菜（watercress）

¼ -½　杯味道強烈的，為大人準備
　　的史地頓 Stilton 藍紋起司；
　　小孩較適合磨碎的切達起司
　　（chedder）

　　家裡最好的橄欖油，上菜用

橄欖油倒入一個大型的平底湯鍋內，以中火加熱。加入大蒜和洋蔥，嫩煎
（sauté）約 1 分鐘，或直到冒出香味。加入花椰菜煮 4 分鐘，或直到轉變成亮
綠色。加入高湯、鹽和胡椒，加熱到沸騰後轉小火，蓋上蓋子煮 8 分鐘，或
直到花椰菜變軟。將湯倒入料理機（blender），加入芝麻菜，一起攪碎呈滑順
的泥狀。以料理機來操作滾燙液體時，要特別小心。必要時，可分批打成泥。
將打好的濃湯倒回鍋內，加入 ¼ 杯的起司。嚐嚐味道，需要的話可以再加。
上菜時，加上一點黑胡椒，並澆上一點上等橄欖油。

份量：4 人份 • 積極準備時間：15 分鐘 • 全程準備時間：½ 小時

你可以事先做好（不加起司）冷凍起來。

豌豆羅勒冷湯
cold pea & basil soup

這道濃綠色的冷湯，做法簡單，質感滑潤，尤其適合夏夜享用。你也可以用小
火慢慢加熱，孩子似乎更喜歡熱熱的喝。

2　大匙特級初榨橄欖油

2　顆小型，或1顆大型黃洋蔥，
　　去皮切小丁（約1杯）

4　杯冷凍豌豆

1　夸脫（quart）約950毫升的蔬菜
　　高湯（見36頁）

12　大片新鮮的羅勒葉，其中10片
　　保持完整，其他2片切絲，上菜
　　時裝飾用

　　粗鹽

　　現磨黑胡椒

　　酸奶（sour cream），或最上等
　　的橄欖油，上菜用

橄欖油倒入一個小型湯鍋內，以中火加熱。加入洋蔥，加熱到變軟約10分鐘。
加入豌豆和高湯，轉大火使其沸騰後，轉小火慢燉10分鐘。離火，加入完整
的羅勒葉、鹽和胡椒調味。待湯冷卻後，倒入料理機（blender）打到質地綿密，
再放入冰箱冷卻2小時以上。

上菜時，加上一湯匙的酸奶及羅勒葉絲。

 份量：4人份 ‧ 積極準備時間：25分鐘
全程準備時間：25分鐘外加2小時以上的冷卻時間

慢烤番茄湯的兩種做法
slow-roasted tomato soup: two ways

小時候，我常喝的番茄湯是 **Campbell** 的罐頭，時至今日仍然愛之不渝。我們會在週日晚上，和巧達起司（**Cheddar**）三明治搭配著吃，至少這是我和媽媽的記憶。奇怪的是，哥哥和爸爸總是說我們記錯了，好像羞於承認拿罐頭湯當晚餐似的。抱歉⋯我又離題了⋯在這道食譜裡，我使用了冰箱常備的慢烤番茄，使這道湯多了一點義大利風味。這種濃縮的番茄甜味，真的增添了其中風味，使它很受孩子喜愛。第二種做法是向 **Campbell** 致敬的版本，姑且不論這人究竟是誰⋯

3	大匙特級初榨橄欖油
2	瓣大蒜，去皮切薄片
4	大片新鮮的羅勒葉（basil）
2	罐14盎司的整顆剝皮番茄，含原汁
16	片（也就是整整8顆）的慢烤番茄（見32頁）切塊
	粗鹽
	現磨黑胡椒

將橄欖油倒入一個大型厚重的鍋內，以中火加熱。加入大蒜，邊攪拌邊煮2分鐘。加入羅勒葉、番茄及原汁和1罐頭的水（可以輪流倒入2個罐頭內，以充分利用殘餘的番茄汁）。轉大火使其沸騰，再轉小火，不加蓋慢燉40分鐘。加入慢烤番茄攪拌混合。加入鹽和胡椒調味（約½小匙的鹽和¼小匙的胡椒即可）。接著任選以下的一種做法，繼續進行：

第一種做法
¼ 杯新鮮羅勒葉
最上等的橄欖油，上菜用

在第一種做法裡，只需要在上菜時，在每個湯碗裡撒上撕碎的羅勒葉，澆上一點上等橄欖油，並撒上少許現磨黑胡椒即可。

第二種做法
1½ 杯鮮奶
最上等的橄欖油，上菜用
¼ 杯新鮮羅勒葉，捲起切成細絲

在第二種做法裡，加入鮮奶攪拌均勻後，再將濃湯倒入料理機（blender）打到質地細密。
上菜時，在每個湯碗裡澆上一點上等橄欖油，並擺上少許羅勒葉絲。

份量：4人份・積極準備時間：20分鐘・全程準備時間：1小時

第一種做法

白豆湯的兩種做法 white bean soup: two ways

我還小的時候，父親的工作就是替電視劇如 The White Shadow 以及 St. Elsewhere 等寫劇本、導戲和製作。拍戲的 CBS 攝影棚位於加州的 Studio City，附近有一家高級法國餐廳 Le Serre。當我去看父親工作（並正值特殊場合時），他會帶我去那吃飯。我一定會點的是法式洋蔥湯，其實只是因為喜歡去剝黏在碗邊已經酥脆的起司。我喜歡法式洋蔥湯所帶來的意象：慢火細燉的洋蔥和逐漸融化的起司。但我從來沒有真正愛上它的味道。我想要創造一種素食的版本，還要兼具深度和美味，再加上一點義式風味。這道簡單的食譜可以一鍋搞定，並且很有飽足感。我的孩子和我一樣，喜歡其中融化的酥脆起司。

3　大匙特級初榨橄欖油

1　顆球莖茴香（fennel），切除莖葉部分另作他用，球莖切薄片

1　大顆黃洋蔥，去皮切絲

2　大瓣大蒜，去皮切薄片

　　少許紅辣椒片

¼　小匙乾燥奧瑞岡（oregano）

¼　小匙現磨黑胡椒粉

2　罐14盎司共約800毫升的白腰豆（加納立豆 cannellini beans），豆子要沖洗瀝乾

2　品脫（pints）約1.2公升的蔬菜高湯（見36頁）

　　粗鹽

將橄欖油倒入一大型厚重湯鍋內，以中火加熱。加入球莖茴香煮10分鐘，並不時攪拌。加入洋蔥和大蒜，同時轉到最小火煮半小時，中間不時攪拌。若有一點焦掉變成褐色沒關係，主要是蔬菜要煮軟，使甜味發散出來。接著加入辣椒片、奧瑞岡和胡椒，煮1分鐘。加入豆子和高湯，轉大火使其沸騰，再轉小火慢燉，加入鹽和胡椒調味後，以小火煮1小時。接著選擇以下的一種做法，繼續進行：

第一種做法（加了甘藍菜 Kale）
1 把甘藍菜，去除莖部，葉子撕成可入口的大小
最上等的橄欖油，上菜用

加入甘藍菜煮7分鐘，或直到剛煮熟的程度。用大湯杓將湯舀入4個碗內，澆上一些上等橄欖油後上菜。

第二種做法（法式洋蔥湯風味）
8 片拐杖麵包薄片（baguette slices），烤過
¾ 杯磨碎的（grated）帕瑪善起司（Parmesan）

預熱明火烤爐（broiler）。
　　用大湯杓將湯舀入4個耐烤的（ovenproof）碗內。在每個碗裡，放上2片麵包使其浮在湯上，並平均撒上起司（我知道份量很多，但這時就是需要大方的時候）。將碗放在烤爐（grill）下方，直到起司開始冒泡，約是不到1分鐘的時間。

份量：4人份 · 積極準備時間：½小時 · 全程準備時間：2小時

第一種做法

玉米巧達湯 corn chowder

每當我們夏天待在長島時，我就想作這道湯。因為這時的玉米最為香甜。我非常喜愛玉米，有一年夏天，曾經在自家花園試著種種看。結果發現，浣熊更愛它。現在，我決定仰賴本地農夫的收穫就好。

1½ 大匙無鹽奶油

2 片火雞培根，切小丁

2 顆中型紅蔥頭（shallots），去皮切小丁

½ 顆大型黃洋蔥，去皮切小丁

2 枝新鮮百里香（thyme）

1 片月桂葉（bay leaf）

6 根玉米所切下的玉米粒，玉米心留著備用

½ 小匙粗鹽

¼ 小匙現磨黑胡椒

2 杯約 500 毫升蔬菜高湯（見 36 頁）

1 杯約 250 毫升鮮奶

1 大匙切碎的細香蔥（chives），裝飾用

1 小匙切碎的茵陳蒿（tarragon），裝飾用

奶油放入一個厚重的湯鍋內，以中火使其慢慢融化。加入培根，不時攪拌，加熱 4 分鐘，或直到培根開始變成褐色。加入紅蔥頭、洋蔥、百里香和月桂葉，煮 5 分鐘，並不時攪拌。加入玉米粒、鹽和胡椒，再煮 1 分鐘，並攪拌混合均勻。加入高湯、鮮奶和玉米心。轉成大火使其沸騰，再轉小火慢燉到玉米粒變軟，約 30 分鐘。取出玉米心，將 1 大湯杓（ladel）的湯倒入料理機，打成泥狀（puree），再倒回湯鍋內。以鹽和胡椒調味後上菜。每碗湯上都撒上一點細香蔥和茵陳蒿。

note 注意：你可以用 2 片豬肉培根來代替火雞培根，這樣的話就不需要加奶油。

make it vegan 純素的版本　用橄欖油來代替奶油。用半小匙的西班牙紅椒粉（pimento）來代替培根。嫩煎（sauté）到飄出香味為止。接著繼續進行食譜後半的步驟，並用豆漿來代替鮮奶。

份量：4 人份 · 積極準備時間：½ 小時 · 全程準備時間：40 分鐘

味噌沙拉醬 miso dressing

我好愛這道味噌沙拉醬。它可以搭配沙拉、蔬菜，甚至還有烤魚。作法簡單，可以在冰箱存放一週以上。我但願是在開玩笑，不過如果桌上有一碗這個沙拉醬，我兒子就會趁我不注意的時候，把他的整個拳頭放進去，然後把浸上的沙拉醬一口一口舔光，好像是吃蛋糕麵糊似的。好吧，至少這個東西還很健康。

⅓	杯去皮略切丁的 Vidalia 維塔莉洋蔥 *
1	小瓣或 ½ 個大瓣的大蒜，去皮切碎
¼	杯又 1 大匙的白味噌（white miso）
2	大匙麻油
2	大匙又 1 小匙的醬油
2	大匙的米酒醋（rice wine vinegar）
2	大匙的味醂（mirin）
2	大匙的水
1	大撮粗鹽
	少許現磨黑胡椒
¼	杯又 1 大匙的蔬菜油

將蔬菜油以外的所有材料，放入料理機（blender），打到質地細密。一邊打，一邊緩緩加入蔬菜油，必要的話，再用額外的鹽和胡椒調味一下。

 份量：1¼ 杯·積極和全程準備時間：5 分鐘

編註：
* Vidalia onion 美國喬治亞所產，溫和、多汁、甜味的白色洋蔥。

葡萄酒醋和萊姆油醋沙拉醬 basamic & lime vinaigrette

這道香甜又帶點刺激的沙拉醬，可以讓碳烤沙拉增色不少。只要它出現在餐桌
上，一定會有人向我要它的作法。

2 大匙的葡萄酒醋（basamic vinegar）

2 大匙的淡度龍舌蘭花蜜（light agave nectar）或蜂蜜

1 大匙的新鮮萊姆汁

¼ 杯又2大匙的橄欖油

粗鹽

現磨黑胡椒

將醋、花蜜和萊姆汁，放入碗內攪拌均勻，再緩緩加入橄欖油攪拌，最後用鹽和胡椒調味。

份量：½ 杯
積極和全程準備時間：不到5分鐘

常備的油醋沙拉醬 standby vinaigrette

這道基本的沙拉醬，絕不會令你失望。我父親是第一個啓發了我，在沙拉裡加
入楓糖的人。它真的是絕佳的秘方。

2 小匙第戎芥末醬（Dijon mustard）

2 小匙楓糖（real Vermont maple syrup）

¼ 杯紅酒醋

2 大匙蔬菜油或芥籽油（canola oil）

½ 杯特級初榨橄欖油

粗鹽

現磨黑胡椒

將芥末、楓糖和醋混合攪拌均勻，再緩緩加入油攪拌，再用鹽和胡椒調味。

份量：¾ 杯
積極和全程準備時間：不到5分鐘

藍紋起司沙拉醬 blue cheese dressing

當我還是紐約的單身女郎時，我雙親住在威徹斯特 Westchester。我們常約在中間點哈里森 Harrison 的 Gus's 餐廳共進晚餐。那家酒吧供應美味的海鮮，還有我最喜歡的沙拉——紅酒醋配上大塊藍紋起司。我們一家都很愛藍紋起司，這裡的版本以鮮奶油做底（當然無法和 Gus's 相比啦！），很適合舀在結球萵苣（iceberg lettuce）上，或作為蘸醬。存放冰箱也可以維持一週以上。

⅓ 杯酸奶（sour cream）

⅓ 杯素蛋黃醬（vegenaise）

½ 杯用手搓碎的戈根索拉起司（Gorgonzola）（選用 picante 或 mountain，不要 dulce 的種類）

⅓ 杯冷水

1 大匙又 1 小匙的紅酒醋

1 大顆紅蔥頭（shallot），去皮切薄片

1 大撮粗鹽

少許現磨黑胡椒

將所有材料放入小碗內拌勻即可。

份量：1½ 杯

積極 & 全程準備時間：5 分鐘

鯷魚油醋沙拉醬
anchovy vinaigrette

只需花兩分鐘完成的沙拉醬。可以為帶有苦味的蔬菜沙拉增加不少風味。我熱
愛和菊苣（escarole）搭配著吃，可以這樣當一餐。這也是我母親最愛的沙拉醬，
所以常常應她所請，特別製作。我對鯷魚的熱愛，就是受到她的影響。

6	片浸在橄欖油裡的西班牙鯷魚
2	小匙第戎芥末醬（Dijon mustard）
2	大匙紅酒醋
⅓	杯特級初榨橄欖油
	現磨黑胡椒

將鯷魚、芥末和醋，放入料理機（blender）內打碎攪拌。鯷魚要完全打成泥狀。
馬達還在運轉時，緩緩倒入橄欖油，用鹽和胡椒調味。

  份量：½ 杯
積極 & 全程準備時間：不到 5 分鐘

苦味蔬菜沙拉
bitter greens salad

很少有其他的東西，像苦味蔬菜一樣，對你的肝臟助益甚大。它能強化其解毒功能。我也喜愛它的味道。冬天雖然是萬物蕭條的季節，幸好在某些氣候帶，這些綠色蔬菜還能夠繼續生長，做成沙拉。我喜歡把孩子包得緊緊的，然後帶他們去自家的小菜園摘這些青菜。

1　顆大型的菊苣（escarole）或苦苣（puntarelle），或2顆紫色包心菊苣（radicchio）徹底洗淨撕成小塊 ½　杯鰻魚油醋沙拉醬（見73頁）	將菊苣放入一個大型的沙拉碗內，再以油醋沙拉醬調味。

份量：4人份・積極 & 全程準備時間：10分鐘

"When we get older, we'll eat dinner together, right?"

等我們長大，還是會一起吃晚飯，對吧？

— APPLE to MOSES

苦苣沙拉 endive salad

冬天的禮物之一，就是苦苣。甜甜的粗粒芥末沙拉醬，可以完美地與之搭配。

4 顆苦苣(endive)，葉子一一摘下

   粗粒芥末沙拉醬(見71頁)

將苦苣的葉子，依搭建小木屋的方式疊好，再均勻地澆上芥末沙拉醬。

 份量：4人份 ・ 積極 & 全程準備時間：5分鐘

水菜、番茄和酪梨沙拉
mizuna, tomato & avocado salad

這道爽脆的沙拉，帶有一點亞洲風。味噌和水菜(一種日本的青菜)搭配得
天衣無縫。

4 大把水菜(mizuna)（可以用波
   士頓萵苣 Boston 或奶油萵苣
   butter lettuce 代替，但要撕
   塊），洗淨

1 杯櫻桃番茄(cherry tomato)，
   洗淨切半

1 顆酪梨，去皮去核切丁

½ 杯味噌沙拉醬(見68頁)

1 大匙芝麻

將水菜放在上菜用的大盤子裡，將番茄和酪梨均勻分布其上，澆上味噌沙拉
醬再撒上芝麻。

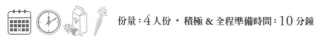 份量：4人份 ・ 積極 & 全程準備時間：10 分鐘

烤紫菊苣佐戈根索拉起司
grilled radicchio with gorgonzola

夏天時，我的燒烤爐總是處在隨時待命的狀態。我特別喜歡製作這道沙拉，只
要刷上一點橄欖油，再加上味道強烈的優質起司，幾分鐘之內，就可以準備好
一道充滿煙燻味而且夠份量的配菜。

2　顆紫色包心菊苣，每顆縱切成
　　六等份

2　大匙特級初榨橄欖油

¼　小匙現磨黑胡椒

½　磅約225克戈根索拉起司
　　（Gorgonzola picante）

　　上等橄欖油，上菜用

½　顆檸檬，上菜用

將燒烤爐以中／小火預熱，室內的話，則預熱明火烤爐（broiler）即可。

　　在一個大碗裡，將紫色包心菊苣輕輕地和橄欖油混合，使每塊生菜保持
完整。爐烤（grill）5分鐘，或直到紫菊苣變色變軟為止，中間要不時翻動（溫
度不要太高以免烤焦）。如果在室內，將紫菊苣放在烤盤（baking sheet）上，
撒上胡椒和捏碎的起司，再將烤盤放在明火烤爐（broiler）下方。若是使用戶
外的燒烤爐，則闔起上蓋即可。仔細留意，不要把起司燒焦了，只須達到融
化冒泡的程度即可。

　　上菜時，澆上一點健康的優質橄欖油，與一點檸檬汁。

 份量：4人份 · 積極 & 全程準備時間：10分鐘

捲心萵苣沙拉 the wedge

美國的夏天，就是要來一點捲心萵苣（iceberg lettuce）沙拉。我喜歡加上藍紋起
司，如果你不想配上起司，也可以使用油醋沙拉醬（vinaigrette）。我喜歡就這
樣單純地食用，但是你也可以加上熟番茄切片或洋蔥薄片。只要餐廳的菜單上
有這道菜，一定會有派特洛家族的人來點。

1　顆捲心萵苣（iceberg），切成
　　四等份

1　杯藍紋起司沙拉醬（見72頁）

每一等份的生菜，都澆上足夠的沙拉醬即成。

 份量：4人份 · 積極 & 全程準備時間：5分鐘

經典碎丁沙拉
classic chopped salad

做為一個土生土長的南加州人，我熱愛這裡家家餐廳都供應的碎丁沙拉，它也可以有很多變化。這道沙拉很適合作為主菜 —— 裡面的培根和戈根索拉起司（**Gorgonzola**），美味又能帶來飽足感。

6　條鴨肉培根（或其他你喜歡的肉類培根）

3　顆小寶石生菜（baby gem lettuce），或2顆羅蔓生菜（romaine），或2顆波士頓萵苣（Boston lettuce），切碎

1　顆已成熟的酪梨，去皮去核切丁

1　顆成熟的大番茄，去籽切丁

½　杯捏碎的戈根索拉起司（Gorgonzola）

½　杯常備的油醋沙拉醬（見69頁）

將鴨肉培根用平底淺鍋煎到酥脆，然後放在廚房紙巾上瀝乾油脂。需要的話，切除多餘的肥肉再切丁。在上菜的大盤子上，鋪好生菜葉，再以平行或交錯混合等自己喜歡的方式，均勻鋪上培根、酪梨、番茄和戈根索拉起司，最後以油醋汁調味。

 份量：4人份 · 積極 & 全程準備時間：20分鐘

義大利碎丁沙拉 italian chopped salad

這是我最初學會作的沙拉之一，而且常常一做就做很大份量。它的好處是，
你可以利用冰箱裡現有的食材，作法也可以隨之變化。

1　顆綠色萵苣(leafy green lettuce)，洗淨擦乾再撕成小片

2　根蔥(scallions)

½　杯櫻桃番茄(cherry tomatoes)，切半

3　顆罐頭朝鮮薊心(preserved artichoke hearts)，可在義大利食品專賣店購得，切成½吋約1.3公分的小丁

4　小顆小球狀的莫札里拉 mozza-rella 起司，切成½吋約1.3公分的小丁

1　大把四季豆(haricots verts)兩邊末端修剪過，蒸7分鐘再切成1吋約2.5公分段

1　顆烤甜椒(見31頁)切成½吋約1.3公分小丁

1　大匙第戎芥末醬(Dijon mustard)

2　小匙龍舌蘭淡度花蜜(light agave nectar)

5　條浸在橄欖油裡的鯷魚(olive oil-packed anchovies)，切細丁

3　大匙紅酒醋

½　杯特級初榨橄欖油

　　粗鹽

　　現磨黑胡椒

將生菜鋪在上菜的大盤子上，再撒上蔥、番茄、朝鮮薊、莫扎里拉起司、四季豆和烤甜椒丁。

　　沙拉醬的部分，混合芥末醬、花蜜、鯷魚和醋，並攪拌均勻，一邊攪拌，一邊慢慢加入橄欖油，再用鹽和胡椒調味。將沙拉醬澆在沙拉上後，即可上菜。

 份量：4人份 ・ 積極 & 全程準備時間：½小時

冷食尼斯沙拉 cold niçoise salad

這是一道真正的經典，只有完美兩個字可以形容。當我宴客時，我很少會將沙拉事先用一個大碗拌好。我會將處理好的食材分別擺上桌，讓客人根據自己的喜好自行組合。夏天時，若有客人來訪，這會是理想菜色之一。

4　片6盎司約175克的鮪魚排（tuna steaks）

2　大匙特級初榨橄欖油

　　粗鹽

　　現磨黑胡椒

1　打小型紫色馬鈴薯或新馬鈴薯（new potatoes）

⅓　磅約150克四季豆（haricots verts），或一般的綠色豆子

2　顆奶油萵苣（butter lettuce）或其他種類的柔軟生菜，撕塊

1　顆烤黃椒（見31頁），撕成條狀

1　顆烤紅椒（見31頁），撕成條狀

1　杯櫻桃番茄（cherry tomatoes），切半（如果番茄品質不佳，最好加上1湯匙的特級初榨橄欖油，以烤箱140℃（275°F）慢烤數小時）

½　杯尼斯橄欖（niçoise oilves）

4　大顆有機雞蛋，煮到全熟（hard-boiled），再切成四等份

1　打用橄欖油浸的西班牙鯷魚（olive oil-packed Spanish anchovies）

　　細香蔥油醋沙拉醬（Chive Vinaigrette）（見71頁）

將燒烤爐（grill）預熱到中 - 高溫以上。

　　將鮪魚排抹上橄欖油，以鹽和胡椒充分調味。燒烤（grill）到自己喜歡的程度（我自己喜歡烤到全熟）。讓鮪魚冷卻10分鐘以上，再切成½吋約1.3公分厚度的條狀，與此同時，將馬鈴薯蒸（steam）20分鐘，或直到熟透為止。四季豆也蒸7分鐘，然後待其冷卻。馬鈴薯切成對半。

　　將生菜鋪在上菜的大盤子上，再鋪上四季豆、甜椒、番茄和橄欖，將馬鈴薯和雞蛋排在周圍。最後鋪上鮪魚條和鯷魚，讓這兩者交疊成十字排列，上菜前澆上油醋沙拉醬。

 份量：4人份 · 積極 & 全程準備時間：½小時

熱食尼斯沙拉 hot niçoise salad

在倫敦的一個冬日，我幻想著尼斯沙拉——這是我最喜歡的佳餚之一。因為在這麼冷的時候，還吃冷冰冰的生菜沙拉，似乎不太對勁，所以我改造了一下，端出這道熱食版。這道菜可以用一個烤盤就完全搞定，省下不少清潔工作，非常適合你邀朋友共度周日午餐或晚餐，卻又沒有太多時間下廚的時候。

½ 磅約225克四季豆，末端修切過

1 杯櫻桃番茄（cherry tomatoes），切成對半

½ 杯尼斯橄欖（niçoise olives）（最好加以去核）

7 大匙特級初榨橄欖油，分成兩份

1 大把新鮮的羅勒（basil）葉

1 顆烤黃椒（見31頁），略撕成條狀

1 顆烤紅椒（見31頁），略撕成條狀

1 打浸在橄欖油裡的西班牙鯷魚（olive oil-packed Spanish anchovies）

4 片6盎司約175克的鮪魚排（tuna steaks）

　 粗鹽

　 現磨黑胡椒

4 大顆有機雞蛋

1 顆檸檬，切成對半

將烤箱預熱到200℃（400℉）。

　　將四季豆清蒸（steam）4分鐘，然後馬上丟入一個大烤盤（roasting pan）裡。加入番茄、橄欖和4大匙的橄欖油，用手將番茄稍微擠壓一下。丟入撕碎的羅勒葉後，將它們全部都推到烤盤的四周，將甜椒和鯷魚擺放在蔬菜周圍，鮪魚排放在烤盤中央。每一塊都澆上½大匙的橄欖油，並抹上充足的鹽和胡椒，將蛋打入4個小耐熱皿（ramekin）裡，放在烤盤的四個角落。將剩下的橄欖油，平均澆在每個雞蛋上，並撒上鹽和胡椒。將烤盤推入烤箱中烤12分鐘，或直到雞蛋剛定型，而鮪魚烤熟卻仍鮮嫩時。取出烤盤，均勻擠上檸檬汁再上菜。

  份量：4人份・積極 & 全程準備時間：25分鐘

你可以在一大早就開始準備這道菜，晚餐前再放入烤箱即可。

龍蝦沙拉
lobster club salad

我的一個主廚好友美欣 Maxim，有一次準備了類似這樣的一道沙拉。我受到啟發，創造出自己的版本。這道奢侈墮落的沙拉，可以留待某個特殊的夏日午餐享用。

8　片鴨肉或火雞培根（亦可使用你喜歡的其他種類）

3　顆小寶石萵苣（baby gem lettuce）、2顆羅蔓萵苣（romaine lettuce）或2顆波士頓萵苣（Boston lettuce），用手略撕成小塊

1　顆酪梨，去皮去核切丁

2　杯煮熟的龍蝦肉（1隻中型的龍蝦，或2隻龍蝦尾的份量應該足夠）切丁

1　杯葡萄小番茄（grape tomatoes），切成對半

½　杯細香蔥油醋沙拉醬（Chive Vinaigrette）（見71頁）

 份量：4人份 • 積極 & 全程準備時間：20分鐘

將鴨肉培根放入平底淺鍋（frying pan）內，煎到酥脆，接著放在廚房紙巾上瀝乾。想要的話，可以切除多餘的油脂部份，再切成小丁。將萵苣鋪在上菜的大盤子上，再漂亮地擺上酪梨、培根、龍蝦和番茄（可以成列排放，或其他看起來充滿藝術味的方式）。最後再澆上油醋沙拉醬。

note 注意：在110頁，可以查看準備龍蝦的方式。

麵包沙拉烤甜椒番茄和羅勒

panzanella
with roasted peppers,
tomatoes & basil

每次不小心讓好吃的麵包過期時，我就會作這道沙拉。番茄、烤甜椒和羅勒的
亮麗色彩，加上麵包的酥脆口感，令人難以抗拒。

6 盎司（約175克）過期的鄉村麵包
（country bread），切成1吋的
小塊（切好後約為4杯的份量）

1 顆烤黃椒（見31頁），切丁

1 顆烤紅椒（見31頁），切丁

1½ 杯櫻桃番茄（cherry tomato），或
葡萄小番茄（grape tomato），
切成四等份

2 大匙紅酒醋

¼ 杯又1大匙特級初榨橄欖油，
外加上菜的用量

粗鹽

現磨黑胡椒

4 條浸在橄欖油裡的西班牙鯷魚
（olive oil-packed Spanish
anchovies）切碎

1 大把新鮮的羅勒（basil）葉

將麵包、甜椒和番茄，放入一個大碗內混合。將醋、橄欖油、鹽、胡椒和鯷魚，倒入一個小碗內攪拌均勻，然後澆在沙拉上。放入撕碎的羅勒葉。用雙手將所有的內容物混合均勻。靜置15分鐘後再上菜。將麵包沙拉平均分配在盤子上，再澆上一點特級橄欖油。

 份量：4人份・積極準備時間：15分鐘
全程準備時間：½ 小時

我的常春藤碎丁沙拉
my ivy chopped salad

這道食譜的靈感，是來自洛杉磯常春藤餐廳 the Ivy restaurant 著名的爐烤蔬菜沙拉。這是我喜歡的常備沙拉之一。孩子上床後，我常自己作來吃。當然也很適合午餐宴會時享用。

2 顆大型的甜菜根（beets）

3 條中型的櫛瓜（zucchini），縱切成⅓吋（約0.8公分）的厚度

2 顆新鮮的玉米，將葉片部份去除

1 把蔥（scallions），將深綠色的末端葉片剪下丟棄

2 片6盎司約175克的野生鮭魚片（wild salmon fillets）

　特級初榨橄欖油

　粗鹽

2 顆奶油萵苣（butter lettuce），葉子摘下清洗後瀝乾切成粗條狀

¼ 杯新鮮的羅勒葉撕碎

½ 品脫（約200克）葡萄小番茄（grape tomatoes），切成四等份

⅓ 杯新鮮的香菜葉（cilantro），切碎

½ 杯葡萄酒醋和萊姆油醋沙拉醬（見69頁）

1 顆萊姆（lime），切成四等份上菜用

份量：4人份 ‧ 積極 & 全程準備時間：40分鐘

你可以事先將所有的食材都先處理好。

用清蒸或水煮的方式，將甜菜根煮到熟透，約需30分鐘。靜置冷卻後，削皮切丁備用。

　　將烤爐（grill）預熱到中 - 低溫以上。

　　將櫛瓜、玉米、蔥和鮭魚，抹上一層適量的橄欖油，撒上鹽，放入爐烤約20分鐘，使它們全部都烤熟了，表面帶點金黃褐色。將櫛瓜和蔥切碎備用，將玉米粒削下備用。鮭魚用手撕成塊狀備用。

　　在上菜用的大盤子裡，鋪上萵苣，以均勻而富美感的方式，擺上羅勒、番茄、甜菜根、玉米、櫛瓜、蔥和香菜。將鮭魚沿著盤子的邊緣鋪好。均勻地澆上葡萄酒醋和萊姆油醋沙拉醬，並在旁邊放上萊姆角，鼓勵客人取用。

薑汁鮪魚漢堡 tuna & ginger burgers

有一次全家到夏威夷旅行，我們在臨海的一家路邊餐廳停留。我當場愛上了一道我以前從未嘗試過的料理，鮪魚漢堡。我在茂宜島 Maui 品嚐的這些漢堡，最上面鋪的是日本式的醃薑。在這道食譜裡，我將生薑混入鮪魚裡醃一個晚上，使其入味。我喜歡像這樣的食譜，讓你事先將材料準備好，要吃之前，可以很快地將食物組合上桌。

1	小匙日本芥末粉
2	小匙第戎芥末醬（Dijon mustard）
1	小匙水
½	小匙現磨黑胡椒
½	小匙粗鹽
1	大匙生薑，去皮切末
1	大匙大蒜，去皮切末
1½	大匙花生油，外加烹調所需的用量
1	磅約450克品質最好的鮪魚，切成1吋（約2.5公分）的小塊
2	大匙特級初榨橄欖油
3	顆紅蔥頭（shallots）去皮切成細絲
4	個發芽小麥（sprouted grain）或全麥的漢堡麵包
½	杯醬油芝麻蛋黃醬（Soy & Sesame Mayo）（食譜如下）
1	把新鮮的芝麻菜（arugula）

將日本芥茉粉、第戎芥茉醬和水，放在小碗裡混合均勻。用湯匙刮出，和胡椒、鹽、薑、大蒜和花生油，一起放入食物處理機內，打成美味的風味醬。加入鮪魚打一下下，足夠和芥茉醬混合入味即可，不要打得太細，因為我們要保留魚肉的質感。然後用手塑型出4塊肉餅，放入冰箱冷藏1小時到一整晚的時間，使其充分入味。

同時，在平底鍋內，以中 - 大火加熱橄欖油，加入紅蔥頭，嫩煎（sauté）10分鐘，直到變軟釋出甜味，並帶點金黃褐色。靜置備用。

將烤肉爐（grill or grill pan）以高溫預熱。

將鮪魚肉排抹上一點花生油，每面烤2-3分鐘，到自己喜歡的熟度。漢堡麵包也一起烤。在麵包上抹些調好的蛋黃醬，放上紅蔥頭和芝麻菜，再擺上魚肉排。

 份量：4人份 • 積極準備時間：15分鐘

全程準備時間：15分鐘外加1小時的冷卻時間

 魚肉餅可以事先做好，放冰箱冷藏。

醬油芝麻蛋黃醬 soy & sesame mayo

這真的很適合加在鮪魚漢堡上作調味。

½	杯素蛋黃醬（Vegenaise）
2	小匙醬油
2	小匙麻油（toasted sesame oil）

將所有材料攪拌均勻即成。

份量：½ 杯 • 積極 & 全程準備時間：不到5分鐘

起司鑲嵌漢堡
cheesy stuffed burgers

這道食譜的「鑲嵌」靈感，來自一道迷你感恩節食譜，我必須用填充餡料（stuffing）塞入火雞漢堡裡。我那時想，用起司來填塞，應該是不錯的點子。結果，可不是嗎？！我喜歡格魯耶爾起司（Gruyère），孩子則喜歡味道較溫和的種類。你可以使用任何起司，我家裡的每個人都瘋狂喜愛這道菜。

1　大匙特級初榨橄欖油

½　杯去皮黃洋蔥，切末

1　大匙新鮮迷迭香（rosemary），切末

1　磅約450克火雞或牛肩排（chuck）絞肉

½　小匙粗鹽

¼　小匙現磨黑胡椒

½　杯任選起司，磨碎（coarsely grated）

4　個發芽小麥（sprouted grain）或全麥（whole wheat）漢堡麵包

用小火加熱平底煎鍋裡的橄欖油。加入洋蔥和迷迭香，煎約10分鐘或直到食材變軟，釋出甜味。稍微冷卻後，放入一個大型的攪拌盆內，加入火雞絞肉、鹽和胡椒。用木匙或雙手，將所有材料混合成糊狀。將肉糊分成四等份，每一等份再塑型出兩個肉餅。在一個肉餅上，放上2大匙的起司，再用另一片肉餅夾起來。將兩片肉餅的邊緣部份，用手捏緊。重覆這樣的動作，將肉餅和起司使用完畢。

將烤肉爐（grill）預熱到高溫。

將肉餅單面烤5分鐘，翻過來再烤4分鐘，或直到肉餅變硬，成金黃褐色。放在烤過的（grilled）發芽小麥或全麥漢堡麵包上，加入喜愛的配菜即可上桌。

 份量：4人份 · 積極 & 全程準備時間：½ 小時

 漢堡肉餅可以事先做好放冰箱冷藏。

亞洲風波特菇漢堡
asian portobello burgers

這道波特菇漢堡，是用醬油和麻油來醃，這是另一種好吃的素食版本。秘訣在
於，波特菇要用小火慢慢來烤，使它近似肉的風味能夠完全表現出來。

2　大匙醬油

4　朵波特菇

½　杯麻油(toasted sesame oil)

4　個皮力歐許麵包(brioche)或發
　　芽小麥(sprouted grain)漢堡
　　麵包，要烤過

½　杯醬油芝麻蛋黃醬(見96頁)

1　小把新鮮的水菜(mizuna)，
　　或芝麻菜(arugula)

將香菇的兩面，都澆上醬油並刷上麻油，靜置10分鐘以上。同時利用這段時
間，以小火預熱烤肉爐(grill)。

一邊轉動，一邊烤香菇，約需15分鐘，或直到變軟帶點金黃褐色。

在切好的麵包上，刷上麻油，抹上蛋黃醬，再擺上香菇和青菜。

 份量：4人份・積極準備時間：25分鐘・全程準備時間：40分鐘

鴨肉迷迭香漢堡佐梅子醬
duck & rosemary burgers with plum ketchup

我在洛杉磯的 **the Melrose Bar and Grill**，嚐了我第一個也是最棒的鴨肉漢堡，因而得來了這道食譜的靈感。大家都知道，我那時會直接從機場開車到那家餐廳，享用它的鴨肉漢堡，配上薯條，和一杯加州黑皮諾 **pinot noir** 紅酒。不久前這家餐廳關門歇業了，不過我在自家廚房，研發了以下的版本。可以說幾乎和原來的版本一樣好。

1　磅約450克鴨胸肉絞肉（優良肉販，可以幫你把2塊中等大小的去皮鴨胸肉放入絞肉機絞好），恢復到室溫

½　小匙粗鹽

¼　小匙現磨黑胡椒

1　大匙切得很碎的新鮮迷迭香（rosemary）

4　個發芽小麥（sprouted grain）或全麥（whole wheat）漢堡麵包

　　梅子醬（Plum Ketchup），食譜如下

以中 - 大火（medium high）預熱烤肉爐（grill）。

　　將鴨肉和鹽、胡椒和迷迭香，充分混合，然後塑型成4塊約¾吋厚（約1.7公分）的漢堡肉。兩面各烤5-6分鐘，或直到觸感變硬。我喜歡烤到全熟，你可以根據自己的喜好調整。同時，將麵包切成對半，和肉餅一起爐烤到呈黃褐色。趁著肉餅靜置休息時（rest），將麵包抹上梅子醬，然後夾上鴨肉排上菜。

 份量：4人份 · 積極 & 全程準備時間：15分鐘

 肉餅可以事先做好冷藏

梅子醬 plum ketchup

只花幾秒的時間就可以做好，不但和鴨肉漢堡非常搭配，也可以陪襯火雞漢堡。

¼　杯番茄醬（ketchup）

¼　杯梅子果醬（plum jam）

將番茄醬和梅子果醬，攪拌均勻即可。

 份量：½ 杯 · 積極 & 全程準備時間：不到5分鐘

蟹肉漢堡
crab cake burgers with spicy remoulade

有一天，我兒子在看海綿寶寶(Spongebob Squarepants)的卡通時，問我什麼是 a krabby pattie ？我後來發現這是一種蟹肉做成的漢堡，所以努力嘗試做出一個來。哇！果然不同凡響。我加上了自製的辣味雷莫拉醬(Spicy Remoulade)，大家都讚不絕口，甚至小孩子也喜歡極了。

2　大匙特級初榨橄欖油

⅔　杯去皮切碎的紅蔥頭(shallots)，約是 3-4 大顆的份量

1　磅約 450 克蟹肉(jumbo lump crabmeat)

2　大匙切碎的新鮮巴西里(parsley)

1　顆檸檬，磨下果皮(zested)後切成對半

2　顆雞蛋，中等大小，去殼拌勻

¾　杯素蛋黃醬(Vegenaise)

　　一大撮粗鹽

　　少許現磨黑胡椒

2　杯新鮮的麵包粉(bread crumbs)

3　大匙紅花籽油(safflower oil)

4　個皮力歐許麵包(brioche)漢堡麵包，要烤過

　　辣味雷莫拉醬(Spicy Remoulade)(見 105 頁)

將橄欖油倒入一個小型的平底鍋內，以中火加熱。加入紅蔥頭，煎約 5 分鐘或直到變軟，靜置冷卻。在一個大碗裡，用雙手或木匙，混合紅蔥頭、蟹肉、巴西里、檸檬皮(zest)、雞蛋、素蛋黃醬、鹽、胡椒和麵包粉，塑型出 4 塊肉餅。用保鮮膜緊緊包起來，放入冰箱 2 小時以上或一整晚。準備要吃的時候，用大型的平底鍋以中大火加熱紅花籽油，放入肉餅，每面煎約 1½ 分鐘直到變色。

在肉餅上擠上一點檸檬汁，放在烤好的麵包上。抹上大量的辣味雷莫拉醬，上菜。

份量：4 人份 • 積極準備時間：25 分鐘
全程準備時間：25 分鐘加上 2 小時以上的冷藏時間

辣味雷莫拉醬 spicy remoulade

這道漢堡醬，口感滑順，味道香辣刺激，可爲海鮮料理增添風味，亦很適合作爲炸魚塊(fish fingers)的蘸醬。

1　杯素蛋黃醬(Vegenaise)

10　條酸黃瓜(cornichons)，切碎

2　大匙去皮切碎的白洋蔥(white onion)

1　小匙李氏自製是拉差辣椒醬(見35頁)，一般市售版本亦可

¼　小匙現磨黑胡椒

½　顆檸檬原汁

將所有材料攪拌均勻即成。

 份量：1杯　·　積極 & 全程準備時間：不到5分鐘

"Kiddish"food.

「小孩子」的食物

— MOSES

烤鮪魚堡
grilled tuna rolls

基本上，我熱愛一切用熱狗麵包夾起的食物，除了熱狗以外（對不起，老爸）。因為，誰知道裡面到底是甚麼做的呀？總之，受到美國東岸輝煌魚肉漢堡傳統的啟發，我在某年夏天，為了應付不期而至的大量食客，利用冰箱裡本來計畫做成晚餐的鮪魚，變成這道料理。鮪魚和熱狗麵包很搭，而油醋沙拉醬更為之增色不少。

2　大匙甜味白味噌醬（sweet white miso paste）

1　大匙蔬菜油、葵花油或米糠油（rice bran oil）

1　大匙淡度龍舌蘭花蜜（light agave nectar）

1　小匙水

1　大匙米酒醋

　　一撮粗鹽

2　塊½吋厚（約1.3公分），或1大塊鮪魚排，水平橫切成兩半

2　大匙芝麻（sesame seeds），分成兩份

4　個熱狗麵包，切半

1　顆奶油萵苣（butter lettuce），葉片分開

¼　杯油醋沙拉醬（見107頁），上菜用

2　大匙新鮮的香菜葉（cilantro），上菜用

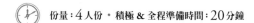 份量：4人份．積極 & 全程準備時間：20分鐘

以大火預熱烤肉爐（grill）。

　　將味噌、油、花蜜、水和米酒醋攪拌均勻，用鹽調味。將鮪魚抹上醃汁後，放上烤肉爐。第一面烤3分鐘，並均勻撒上1大匙的芝麻。翻面，再撒上剩下的芝麻，再烤3分鐘。取出放在盤子上。我喜歡剛烤到全熟的鮪魚，不過如果你喜歡吃半熟或接近全生的，就減少炙烤的時間。

　　上菜時，將麵包烤一下。下層麵包鋪上幾片生菜葉，將鮪魚逆紋切成½吋（約1.3公分）的條狀，平均擺放在生菜葉上。每個魚堡都要澆上1大匙的油醋沙拉醬，每一湯匙都要有足夠的紅蔥頭。接著撒上香菜葉，然後蓋上上層麵包，附上大量紙巾上菜。

紅蔥頭與香菜油醋沙拉醬
shallot & cilantro vinaigrette

2½ 大匙米酒醋

1 大匙淡度龍舌蘭花蜜(light
agave nectar)

1 大匙醬油

¼ 杯蔬菜油或葵花油

少許辣麻油(hot pepper
sesame oil)或你喜愛的辣醬

2 顆紅蔥頭,去皮切末

1 大匙切碎的香菜葉

將醋、花蜜和醬油攪拌混合。一邊攪拌時,一邊加入蔬菜油。
加入辣麻油調味,再加入紅蔥頭和香菜。如果這個沙拉醬是
事先做好的,上菜時,要記得攪拌均勻。

份量:¾ 杯・積極 & 全程
準備時間:不到5分鐘

pastas 義大利麵食

當人們說起全家共享的食物 "family style"，

我的腦海裡總是浮現馬丁·史柯西斯(Martin Scorcese)電影裡的一幕 —— 大家對著整盤的義大利麵和肉丸，埋頭大嚼，心滿意足並彼此吆喝。義大利麵食，已成為美國人民的慰藉食物(comfort food)，其來有自：不論是自己新鮮現做的，或是市售乾燥的，還是熟食櫃台的冷凍餐，料理起來都很簡單美味。當我看著原味義大利麵時，我看到各種可能，我可以聞到起司的香味，想像與之搭配的葡萄酒。義大麵是方便快速的料理，卻又美味無比。它適合一家大小；你可以為了孩子的胃口，隨時調整口味 —— 如果只是簡單的奶油和帕瑪善起司口味，他們一樣喜歡。義大利麵的醬汁，往往在煮麵條的空檔就可以準備完成 —— 剛好就是我們下班回家趕著做菜，或是送孩子上床睡覺後，可以犒賞自己的快速料理。雖然本章的所有食譜都一樣可靠美味，最為亮眼的卻非紅酒鴨肉醬(見138頁)莫屬。我花了數年的時間，想要複製出我在托斯卡尼一個夜晚的回憶。每次嚐到這道菜，都如同時光重返。

在我三十歲生日的數天後，和父親展開了一次美食之旅，起點是翁布里亞(Umbria)，然後蜿蜒地深入托斯卡尼(Tuscany)。我們租了一輛車，踏上這趟奇異的旅程：和他杜蘭大學的好友，在皮恩札(Pienza)共進午餐；在烏菲茲美術館開門前，就逛了一圈；中途看到任何有趣的餐廳、美術館或教堂就停下來。有天晚上，我們經過一個小鎮叫科爾托納(Cortona)，雖然父親略覺不適，我們還是決定去當地的小酒館用餐。我勾著他的手臂，在初秋的空氣裡，沿著山坡漫步，穿梭在碎石小徑上，最後終於到達這家歷史悠久而迷人的餐館。侍者熱情地招呼我們，我們在這裡嚐到了最美味的手工自製粗麵(pici)，搭配夢幻般的紅酒鴨肉醬(ragu)。三天後，父親就去世了。今日回首，我發現父親就是在這頓晚餐裡，試著傳承給我他一生的智慧，他讓我明白認識自己的重要，他要我聽從自己的心，尊重自己想要的人生道路。他也談到他對母親永恆的愛、婚姻裡最重要的自由，以及如何提供對方足夠的空間，又能默默地支持。他更談到孩子帶給他的喜悅，他說他唯一的遺憾，就是沒有再多生幾個。當晚我們走回旅館時，我怎會想到，這是最後一頓，只有我們兩個人共進的晚餐。我以為，他會一直在這裡引領著我，鼓勵著我。那天晚上，他讓我感受到的愛和奉獻，至今仍然陪伴著我，永遠不會消失。

手工現做義大利麵
fresh pasta

手工現做義大利麵，是自己能夠親手製作的清單中，最簡單的任務之一——只要你有適當的裝備。我的第一台製麵機是 Jamie Oliver 的手動壓麵機 hand-cranked，雖然好用，但我後來發現了 KitchenAid 的電動壓麵組 pasta attachment，就義無反顧地成為忠實愛用者。我的孩子非常喜歡一起做麵條，他們會幫忙扶著義大利麵，讓我把它送入機器裡。接下來，你可以把麵皮切成各種寬度（spaghetti, fettuccine, pappardella... 等），或直接撕成小塊，作成隨興的家常麵。還有，沒用完的蛋白，剛好可以拿來做成蛋白蛋包（egg white omelets）、蛋白霜、天使蛋糕或藍莓巴伐洛娃（見258頁）。

2　顆有機大型雞蛋

10　顆有機大型雞蛋的蛋黃

2½　杯00號義大利麵麵粉（00 pasta flour），或2杯未漂白多用途麵粉（中筋），再加上揉麵和做為手粉（dusting）所需的份量。

將所有的雞蛋和蛋黃，放入一個碗內攪拌混合。將麵粉倒在大型工作檯上，或大型攪拌盆內，在中央做出一個洞，倒入蛋液。用叉子慢慢混入麵粉，將蛋液覆蓋住，然後用手揉麵一會兒，直到麵團成型。如果麵團太黏（黏度會受到雞蛋大小、濕度等影響），就加入一些麵粉。用布巾將麵團蓋住，醒10分鐘以上，再繼續下一步驟。

現在可以取出製麵機。將麵團切成八等並份作成長方形。撒上一點麵粉。一開始先調到最寬的設定。先將一片麵皮送入機器，如果會黏就再撒點麵粉。將麵皮對摺，再以同樣的設定送入機器（基本上就是由機器來揉麵）。使用機器上的設定，由寬到窄，重複這個步驟，直到最後做出長而薄的麵皮。製作時要小心，不要扯破麵皮。每一片麵皮都重複相同的步驟。然後放在乾淨的料理台上，並用保鮮膜或略溼的布巾蓋好。接著就可以做成義大利餃（ravioli），或不同寬度的義大利麵，沾裹上一些麵粉以防沾黏。

 份量：4-6人份　・　積極 & 全程準備時間：2小時

番茄鯷魚醬筆管麵
penne puttanesca

這道義大利麵真的真的很好吃。如果是做給孩子吃的，使用番茄醬汁來搭配他們的份量即可。我會放一點橄欖在我女兒的盤子裡——她吃什麼幾乎都喜歡加橄欖。我喜愛這道食譜，因為醬汁做起來快速，而又無敵美味。

粗鹽

¾ 磅約340克(¾盒)筆管麵
（penne）

2 大匙特級初榨橄欖油

2 瓣大蒜，去皮切薄片

1 小撮紅辣椒片

5 條罐裝西班牙橄欖油鯷魚
（olive oil-packed Spanish anchovies）

1 大滿匙鹽漬酸豆(salt-packed capers)，清洗過

⅓ 杯去核的尼斯黑橄欖(niçoise olives)

2 杯基本番茄醬(見30頁)

½ 小匙現磨黑胡椒，外加上菜時要用的份量

數大匙煮麵水，稀釋醬汁用

¼ 杯撕碎的新鮮巴西里
（parsley），上菜裝飾用。

將一大湯鍋的水加熱到沸騰，加入足夠的鹽。放入筆管麵。根據包裝指示來烹煮。

同時，將橄欖油倒入中型平底鍋內，以中火加熱，加入大蒜和辣椒片。煎約1分鐘，必要時調整火候，不要燒焦大蒜。加入鯷魚攪拌1分鐘，或直到其融入醬汁。加入酸豆和橄欖，用木匙背面輕輕壓扁，再煮1分鐘，或直到味道變香——應該是一種美味的味道。加入番茄醬汁和黑胡椒。調高溫度使其沸騰再轉成中火，慢滾約10分鐘，或直到醬汁變得濃稠。筆管麵這時應該剛好煮好了。將麵條瀝乾，預留幾大匙的煮麵水。將麵條加入醬汁裡，並攪拌充分混合，必要的話，加入煮麵水，使醬汁達到理想的稠度。不能太稠也不能太稀。在麵條上撒上巴西里，再加一點現磨黑胡椒，然後上菜。

make it vegan 全素版本　省略鯷魚不用。

份量：4人份 • 積極 & 全程準備時間：15分鐘

你可以事先將醬汁做好。

檸檬帕瑪善義大利細麵
spaghetti limone parmeggiano

又是一道非常簡單的食譜。這道醬汁不但在你煮義大利麵的空檔就可以做好，還讓你有時間可以準備好吃的沙拉和飯後的起司拼盤(cheese plate)。帕瑪善、檸檬和羅勒，是天堂美味的三位一體。帶有起司味的檸檬羅勒醬汁，也適合孩子的口味。

¾ 磅約340克(¾盒)義大利麵
   (spaghetti)

   粗鹽

1 顆檸檬

1½ 杯現磨碎的(finely grated)
   帕瑪善起司(約100克)，外加
   上菜時的份量

½ 小匙現磨黑胡椒

2½ 大匙特級初榨橄欖油

3-5 大匙煮麵水，稀釋用

1 小把新鮮羅勒葉(約為4株份量)

根據包裝指示，將義大利麵放入加了鹽的滾水裡烹煮。

　　同時在一個大型攪拌盆上方，用磨碎器 Microplane 磨下檸檬皮屑。將檸檬切半，將檸檬汁也擠進去(我喜歡把磨碎器當作濾網來用 —— 可以少清洗一樣東西)。加入1½杯的帕瑪善起司、胡椒和一小撮鹽，再加入橄欖油混合成黏稠狀。

　　義大利麵煮好後，在檸檬起司糊裡加入2-3大匙的煮麵水。將義大利麵倒入攪拌盆中攪拌均勻，必要的話，再加入1-2大匙的煮麵水，使醬汁能夠附著在每根麵條上。將羅勒葉稍微撕碎加入。

　　上菜時，在每個盤子裡撒上一點粗鹽、現磨黑胡椒和帕瑪善起司。

 份量：4人份・積極 & 全程準備時間：15分鐘

地瓜義大利餃
sweet potato ravioli

自製義大利餃是絕佳的週日活動。孩子喜歡一起參與每個步驟。我總是一次做很多然後放入冷凍，等到下次趕時間，又想好好好吃一餐的時候，就很方便。這道食譜用的是地瓜，但是你可以自由選擇其他的材料 —— 菠菜泥加馬斯卡邦起司(mascarpone)、豌豆加瑞可塔起司(ricotta)等 —— 剛好也可以讓孩子攝取蔬菜。

義大利餃的部分

1　份手工現做義大利麵，(食譜見123頁)，3吋寬約7.5公分的麵皮

內餡的部分

1　顆地瓜，去皮，切成八等份

¼　杯磨碎的帕瑪善起司(Parmesan)

2　大匙馬斯卡邦起司(mascarpone)

　　粗鹽

　　現磨黑胡椒

　　現磨肉荳蔻(nutmeg)

1　顆大型有機蛋的蛋白，攪打過

最後完成

4　大匙無鹽奶油

6　大片鼠尾草葉(sage)，切絲

　　磨碎的帕瑪善起司，上菜用

義大利餃的部分，用布巾或保鮮膜將麵皮包好，然後製作內餡。

　　內餡的部分，將地瓜蒸煮20分鐘，或直到完全煮熟。放入碗裡，搗成泥狀，加入起司，加入足夠的鹽調味，同時也謹慎地加入胡椒和肉荳蔻，要邊加邊嚐味道。靜置冷卻後再進行下一個步驟。

　　現在要開始包餡料了。將餡料用小匙舀在一半的麵皮上，彼此相隔2吋約5公分的距離，將蛋白刷在裝了餡料的麵皮上。將沒有包餡的麵皮覆蓋上來，用手指將每個餡料的周圍封好，把空氣擠壓出來。用刀子切出一個一個整齊的正方形餃，並把多餘的部分切除。用手指再一次在餃子的四周按壓，確認不會露餡。

　　最後完成，將一大鍋加了鹽的冷水加熱到沸騰。分批下餃子，煮約2½分鐘，然後用溝槽鍋匙撈起，倒在溫熱過的盤子上。同時，將奶油和鼠尾草放入小型平底深鍋內，用小火加熱融化。將奶油舀到水餃上，平均分配鼠尾草。根據喜好，撒上帕瑪善起司後上菜。

 份量：8人份 • **積極準備時間**：1小時 • **全程準備時間**：1½小時

紅酒鴨肉醬 duck ragu

有一年，我收到一個終生都不會忘記的生日禮物——由傑米奧利佛 Jamie Oliver 親自教授的一對一烹飪課程。他來到家裡，教我怎麼做紅酒鴨肉醬，這是我最喜歡也是最別具意義的一道菜。他的版本加了葡萄乾和柑橘，帶有一絲摩洛哥風情，十分獨特。這些年來，我自己東加西減，做出了我們家專屬的味道，但是其中的烘烤技巧（roasting skills），完全出自傑米。我想，這大概是整本書裡我最私心偏愛的一道食譜。最後撒上的義式香草麵包粉（gremolata topping），雖然可以省略，卻能把整道菜的味道提升到另一個層次。

1	隻大型有機鴨，清洗並擦乾（見43頁）
3	大匙特級初榨橄欖油
	粗鹽
	現磨黑胡椒
4	片鴨肉培根，切小丁
1	顆中型黃洋蔥，去皮切小丁
2	根中型紅蘿蔔，去皮切小丁
2	根中型芹菜，切小丁
5	瓣大蒜，去皮切碎
2	枝5吋約12公分長的新鮮迷迭香（rosemary），摘下葉片切碎，莖梗丟棄
3	罐14盎司共約1.2公升的整顆去皮番茄，含原汁
1	杯義大利紅酒
¼	杯又2大匙的番茄糊（tomato paste）
1	磅約450克雞蛋義大利麵（pappardelle）（新鮮或乾燥皆可）
	義式香草麵包粉（見139頁），或現磨帕瑪善起司（Parmesan），上菜用

將烤箱預熱到190℃（350℉）。

將鴨子的內腔開口和屁股四周，多餘的皮修切掉。裡裡外外都均勻抹上1大匙的橄欖油，和大量的鹽和胡椒調味。放入烤箱烤2小時，每隔半小時翻面一次。取出後放到煎鍋上冷卻，直到可以用雙手觸碰為止。瀝出多餘的油脂，可以丟棄，或是留到下次使用，如拿來烤馬鈴薯。

利用烤鴨子的時間，在鑄鐵深鍋（Dutch oven）裡以中 - 大火加熱2大匙的橄欖油，加入鴨肉培根。煎5分鐘，不時翻動，直到變得酥脆。加入洋蔥、紅蘿蔔、芹菜、大蒜和迷迭香，轉成小火煮15分鐘到蔬菜變軟，中間不時翻動。加入番茄和原汁，將半杯清水倒入空罐內，混合剩餘的番茄汁一起加入。同時加入紅酒、足夠的黑胡椒和鹽。加熱到沸騰後轉成小火，慢燉1小時又15分鐘。

鴨子冷卻後，剝除外皮、除去骨頭，將鴨肉剝成絲，和番茄糊一起加入鍋內，並混合均勻。以非常小的火，不蓋蓋子，煮至少1小時，可以煮到4小時。如果醬汁太乾，就隨時加點水，同時不要忘記補加鹽和胡椒。

上菜時，煮好義大利麵，分到盤子裡後，舀上滿滿的鴨肉醬。最後再撒上義式香草麵包粉或帕瑪善起司。

份量：4-6人份 • 積極準備時間：50分鐘 • 全程準備時間：4-5小時

義式香草麵包粉
gremolata bread crumbs

²⁄₃ 杯新鮮的麵包粉(bread crumbs),烤過捏碎

2 顆磨碎的檸檬皮(zest)

1 ½ 大匙新鮮巴西里(parsley),切碎

1 小撮粗鹽

將所有材料混合即成。

 份量:1杯。積極 & 全程
準備時間:不到5分鐘

起司胡椒義大利麵
cacio e pepe

想要在煮麵空檔內完成醬汁時,這道菜就是選擇之一。當孩子還小,早早上床時(也就是還沒到全家可以一起提早用晚餐的年齡),我會降低份量,再搭配一大杯葡萄酒,就是快速又溫馨的一餐。

¾ 磅約340克(¾盒)義大利麵
　(spaghetti)

　粗鹽

2 大匙你擁有最高級的橄欖油

1½ 盎司約45克磨碎的帕瑪善起司
　(Parmesan)(約為⅔杯)

1½ 盎司約45克磨碎的沛克利諾起司(pecorino)(稍微少於⅔杯的份量)

　現磨黑胡椒

1 茶杯的煮麵水,稀釋醬汁用

用一大鍋加了鹽的滾水,將義大利麵煮到彈牙(al dente)的程度。

　　同時,在一個大碗裡,混合油、起司和大量的胡椒。瀝乾義大利麵,預留1茶杯的煮麵水,將¼杯的煮麵水倒入起司胡椒醬內混合攪拌,再加入義大利麵混合,需要的話再加點煮麵水,務必使麵條均勻地沾裹上醬汁(醬汁的份量應該剛好足夠,不會過剩)。上菜時,每盤都撒上一點粗鹽。

 份量:4人份 • 積極 & 全程準備時間:15分鐘

芝麻菜和番茄義大利麵
arugula & tomato pasta

上菜前撒上的芝麻菜，增添了一抹青綠，它的味道和口感，可以和帶甜味的醬汁形成很好的對比。靈感最初來自於這本書 *The River Café Cookbook Green*。我喜歡在夏天做這道菜，搭配義大利寬麵(tagliatelle)。

2　大匙特級初榨橄欖油

4　瓣大蒜，去皮切薄片

¼　小匙紅辣椒片

1　小匙茴香籽(fennel seeds)，
　　用小榔頭(mallet)或杵和研缽
　　磨碎

3　罐14盎司約1.2公升的整顆去
　　皮番茄，含原汁

　　粗鹽

　　現磨黑胡椒

¾　磅約340克(¾盒)義大
　　利麵(spaghetti)、寬麵
　　(tagliatelle)或現做新鮮義大麵
　　(見23頁)

3　盎司芝麻菜(arugula)(約3大
　　把共90克)

　　磨碎的帕瑪善起司
　　(Parmesan)，上菜用

在大型平底深鍋內，用中-低火加熱橄欖油，加入大蒜、辣椒和茴香籽。邊煎邊攪動約3分鐘，直到發出香味。加入番茄和原汁，以鹽和胡椒調味，轉成大火，使醬汁沸騰。接著轉成中小火，慢滾1小時。

在上菜前10分鐘，開始在加了鹽的一大鍋滾水裡，煮義大利麵。煮到彈牙前的一分鐘，加入芝麻菜同煮，一起瀝乾後倒入番茄醬汁內混合均勻。

上菜時，撒上大量的磨碎帕瑪善起司。

 份量：4人份．積極準備時間：15分鐘
全程準備時間：1小時又15分鐘

main
courses 主菜

在我兒子差不多三歲半的時候，

我們開始全家一起提早吃晚餐，很快地，這就成為我最享受的時光。晚餐時間，是我一天的高潮，它讓全家人可以聚在一起說說話。我從來沒有想到孩子說出來的話會這麼有趣，充滿童真的洞見。也沒有預期，家庭生活是如此親密愉悅。前一晚，女兒對兒子說，我們長大以後，也要這樣一起吃晚飯，好不好？我剎那感覺到，原來晚餐時刻也對孩子產生了重要性。晚餐的食物可以很簡單，甚至是中餐外賣都無所謂 —— 只要大家一起坐下來，沒有電視，沒有手機等的干擾，這就是一家人的黃金時刻。雖然有時候現實不許可，但只要有機會共進晚餐，我總是滿懷感謝。

本章裡的主菜食譜，都在我家的廚房裡演練品嘗過許多許多次。我們喜歡簡單的菜色，不要花俏，要有家的味道。有些做法簡單，有些需要多一點的時間，但沒有一樣會使你失望。它們大部分都能歸入以下兩種基本類型 —— 可以事先準備好或是方便快速上桌的版本。

米蘭煎雞排：四種特別變化
chicken milanese: four very special ways

米蘭煎雞排是最簡單又令人滿足的一道菜。做給兒子吃的時候，我會把雞肉切成長條狀再煎，最後擠上一些檸檬汁。我附上了四種口味變化，做法都很簡單——你可以根據喜好自行選擇。如果你要招待一群賓客，可以四種口味都做好，放在餐桌中央，讓客人自己挑選。

4	塊去皮去骨的有機雞胸肉，清洗並擦乾（見43頁）
1	杯鮮奶
2	杯原味麵包粉（日式麵包粉可以做出最酥脆的皮），和各1小匙的現磨黑胡椒和粗鹽混合均勻
½	杯特級初榨橄欖油，分成兩份

將雞胸肉包在兩片烘焙紙（baking parchment paper）中間，用肉槌敲到很薄很薄——幾乎可以透光——約⅛吋（0.4公分）厚度。將鮮奶倒入一個淺碗裡，麵包粉倒在大盤子裡。把雞胸肉浸在鮮奶裡，並裹上麵包粉，再拍掉多餘的部分。麵包粉要裹上薄薄而均勻的一層。

在大型平底不沾鍋內（要能夠容納兩片雞胸肉），加熱¼杯的橄欖油。第一面煎4分鐘，直到變得焦黃酥脆，翻面，再煎2-3分鐘，也要達到酥脆的金黃外皮，肉也煎熟了。將鍋子用廚房紙巾抹乾，倒入剩下的¼杯橄欖油，繼續煎下兩片雞胸肉。

接著準備148頁和149頁的口味變化。

note 注意：你也可以從雞胸肉取下里脊肉的部分，做出兒童分量的迷你雞排。

 份量：4人份・積極 & 全程準備時間：雞排的部分 ½ 小時，再加上製作不同口味變化的時間。

右圖：米蘭煎雞排佐
慢烤櫻桃番茄和芝麻菜

印度風鮪魚排
indian-spiced tuna steaks

燒烤鮪魚排可以有一點不同的變化。我很愛這種印度風的醃醬 —— 它真的讓味道鮮活了起來。搭配黃瓜優格沙拉(**Raita**)和羅望籽蔬果酸甜醬(**Tamarind Chutney**),可以增添口味的深度和變化,小孩子又很喜歡。

2　小匙小茴香(cumin seeds)

2　小匙茴香籽(fennel seeds)

1　小匙粗鹽

1　小匙現磨黑胡椒

2　大匙去皮的生薑,切碎

¼　杯新鮮的香菜葉

¼　杯特級初榨橄欖油

4　片鮪魚排,各約 ¾ 吋 2 公分厚

　　黃瓜優格沙拉(見 151 頁)

　　羅望籽蔬果酸甜醬(見 151 頁)

份量:4 人份 · 積極準備時間:20 分鐘
全程準備時間:20 分鐘外加 2 小時以上的醃漬入味時間

將小茴香、茴香籽、鹽和胡椒,一起用研缽和杵、咖啡研磨機,或傑米奧利佛 Jamie Oliver 的調味搖碎瓶 Flavour Shaker 磨碎,使種籽破裂但不要呈粉末狀。加入薑和香菜搗碎,使之形成粗糙的膏狀。加入橄欖油,現在應該有點像青醬的質地。將鮪魚排抹上這個醃料,放入冷箱醃入味至少 2 小時或隔夜。

將燒烤爐(grill or grill pan)用大火預熱。

將鮪魚排的第一面烤約 2 分鐘,或直到橡膠刮刀可以輕易滑入底部,而下半部轉成不透明。翻面,再烤 1 分鐘。搭配黃瓜優格沙拉和羅望籽蔬果酸甜醬上菜。

黃瓜優格沙拉
raita

½ 顆大黃瓜(English cucumber)，
　去皮去籽切小丁(約¾杯)

2 大匙紅洋蔥，去皮切小丁

1 新鮮薄荷，切絲

½ 杯原味優格

　少許現磨黑胡椒

將所有材料放入碗裡攪拌混合。搭配印度風鮪魚排上菜。

 份量：1杯・積極 & 全程準備時間：10分鐘

羅望籽蔬果酸甜醬
tamarind chutney

1 大匙蔬菜油

1 小匙小茴香(cumin)

1 小匙茴香籽(fennel seeds)

⅛-¼ 小匙卡宴辣椒粉(cayenne
　pepper)(可省略，依你想要的
　辣度決定，¼小匙就很辣了)

1 小匙薑粉

1 小匙可多一點的印度什香粉
　(garam masala)

1 小撮阿魏(asafetida)(可省略)

1 杯又2大匙的水

1 大匙羅望籽醬(tamarind
　paste)

¼ 杯未精煉黑糖(unrefined dark
　brown sugar)

2 小匙米酒醋

將蔬菜油倒入平底鍋內，以中火加熱。加入小茴香和茴香籽，一邊拌炒30秒。加入剩下的辛香料，邊炒邊攪拌約1分鐘。加入水、羅望籽醬和糖，攪拌到質地滑順。以小火慢燉25分鐘，加入米酒醋。加熱到沸騰後轉小火，慢煮10-15分鐘，直到醬汁濃縮到厚稠質地。

note 注意：兒童餐的版本，可以減少或完全不用卡宴辣椒粉，但孩子會喜歡這道酸甜醬的甜味。

 份量：½杯・積極準備時間：10分鐘
全程準備時間：45分鐘

烤雞，旋轉燒烤風味
roast chicken, rotisserie style

我從小最愛吃的，就是洛杉磯 the Brentwood Country Mart 所賣的烤雞，那是道地的美式燒烤。這裡的食譜，雖然無法取代它的真正風味，還是能夠勾起我童年的回憶。我們不把烤雞串起來旋轉燒烤，而是定時地將烤雞翻面，用本身的肉汁達到燒烤的效果。我在喬爾•侯布松 Joël Robuchon 的食譜書裡，發現了這項技巧，再自己調整出美式燒烤風味。

1½　大匙無鹽奶油，回復到室溫

¾　小匙大蒜鹽（garlic salt）

¾　小匙匈牙利甜椒粉（sweet paprika）

¼　小匙現磨黑胡椒

　　粗鹽

1　隻有機全雞（3-4磅約 1400-1800 克），清洗後拭乾（見43頁）

將烤箱（最好是有熱對流的那種）預熱到 200℃（400℉）。

　　將大蒜鹽、匈牙利甜椒粉、胡椒和一大撮粗鹽，和奶油混合。將手指插入雞胸肉和雞皮之間，輕輕把筋膜弄斷，使雞皮和胸部分開。這樣烤出來的雞，外皮會較酥脆。把奶油抹上全雞，包括雞皮和胸部之間。把雞翅膀塞到下面，用料埋綿繩綁縛一圈固定。雙腿也用另一條綿繩固定住。

　　把整隻雞側放（雞腿和雞翅膀在正下方）在一個大型厚重的烤盤（roasting pan）裡，烤25分鐘。從烤箱取出，翻過來側躺另一面，並澆上幾大匙的水，送回烤箱再烤25分鐘。接著使雞胸朝上，再烤10分鐘。最後使背部朝上，烤10分鐘。從烤箱取出後，背部朝上休息（rest）至少15分鐘。分切後上桌。

份量：4人份 • 積極準備時間：15分鐘 • 全程準備時間：1½小時

烤全魚佐義式莎莎醬

whole roasted fish with salsa verde

這道食譜，一向是我們晚餐宴會的常備菜色之一，做法非常簡單，卻又十分美味，不容易失敗。全魚帶骨烹調，因此充滿鮮味，肉質細嫩。我喜歡搭配義式莎莎醬，但你也可以選擇上等橄欖油和一點檸檬汁來調味。

1　尾非常新鮮的鱸魚（sea bass），或任何新鮮、品質好的魚，最好是當地出產（至少2磅約900克），去鱗去內臟

　　各1大匙的新鮮茵陳蒿（tarragon）、羅勒（basil）、細香蔥（chives）和巴西里（parsley）

1　顆檸檬，切成薄片

2　大匙特級初榨橄欖油

　　現磨黑胡椒

　　粗鹽

　　義式莎莎醬（見156頁），上菜用

烤箱預熱到220°C（425°F）。

　　在兩側的魚身，用刀子劃切4-5刀，約 ½ 吋（約 1.3公分）深。將所有的香草植物混合並切碎。在每道切口裡塞入一片檸檬和少許混合香草。將剩下的香草和檸檬塞入魚的內腔。將魚放在大型烤盤上，撒上橄欖油、鹽和胡椒。烤30-40分鐘或直到魚肉變結實但仍鮮嫩。

　　上菜時，輕輕用湯匙將上面的魚肉挖出，然後便可以輕易地將整根魚骨頭剝下，露出下層的魚肉。搭配大量義式莎莎醬食用。

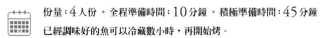

份量：4人份 · 全程準備時間：10分鐘 · 積極準備時間：45分鐘
已經調味好的魚可以冷藏數小時，再開始烤。

義式莎莎醬
salsa verde

我很難仔細寫下這道食譜的份量。因為每一次香草的份量和種類都會不一樣，
要看我的花園裡剛好有什麼，而且要看當時搭配的食物而定。以下是我的標準
食譜 —— 很多的細香蔥、巴西里不要太多、鯷魚則是一如往常，多多益善。

6 條罐裝西班牙橄欖油鯷魚
（olive oil-packed Spanish anchovies）

1 小匙第戎芥末醬（Dijon mustard）

1 大匙紅酒醋

¼ 杯切碎的新鮮巴西里（parsley）

⅓ 杯切碎的新鮮羅勒（basil）

⅓ 杯切碎的新鮮香菜（cilantro）

½ 杯切碎的新鮮細香蔥（chives）

¼ 杯特級初榨橄欖油

現磨黑胡椒

鯷魚放入一個小碗內，用刀叉切成小塊（這樣可以少洗一個切菜板）。加入芥末和醋攪拌。加入香草，慢慢澆入橄欖油，最後用胡椒調味。

 份量：超過 ½ 杯 · 積極 & 全程準備時間：10分鐘

 可以事先做好，但必須要在同一天食用。

最好吃的炒雞肉料理
best stir-fried chicken

快速又很美味的一道主菜。當我想吃中餐外賣，又不想吃到味精的時候，我就
會自己做這個。只要幾分鐘的時間，而且全家都很愛吃 —— 香甜的雞肉是難以抵
擋的誘惑。

4	塊去皮去骨雞胸肉，切成小丁（約¾吋1.9公分）
2	大匙玉米粉（cornstarch）
	粗鹽
	現磨黑胡椒
2	大匙蔬菜油
¼	杯去皮切碎的大蒜
¼	杯去皮切碎的生薑
½	杯蔥花（蔥白和蔥綠都要）
1	小撮紅辣椒片（可省略）
½	杯米酒醋
½	杯黑糖（dark brown sugar）（可能的話，使用未精煉過的）
2	大匙醬油
2	大匙切碎的香菜，上菜用

將雞肉和玉米粉、一大撮鹽，和足夠的胡椒混合均勻。用中大火起油鍋（這是輕度的中式快炒），加入大蒜、薑、蔥和辣椒片（要用的話），炒1分鐘。加入雞肉炒5分鐘。加入醋、糖和研磨5-6圈的黑胡椒。大火炒3分鐘，直到焦糖化、醋味變圓潤，醬汁變成誘人的深褐色。加入醬油炒30秒，立即盛盤，並撒上香菜。

note 注意：這道主菜尤其適合搭配炒飯（見198頁）

make it vegan 全素版本　省略雞肉，用相同份量的豆腐或蔬菜代替。

 份量：4人份・積極 & 全程準備時間：15分鐘

香料烤雞 & 餃子
chicken & dumplings

這大概是本書中最有家居味的一道菜。我非常喜歡煮這道菜，方法簡單，可以一鍋搞定，早上就可以開工，然後放在爐子後方慢慢入味。雞肉軟爛，形狀如餅乾般的餃子輕盈美味。母親在南加州 **South Carolina** 拍片（*霹靂上校 the Great Santini*）的時候，我剛好 7 歲，那是我童年最快樂的時光之一。我下午常常在溼地之間跑來跑去，然後回到家就有剛烤好的餅乾等著我，這是由當時照顧我們的妮莎波里特 **Neetha Polite** 所烤的。這裡的餅乾狀餃子就是受到她的啟發。每次我做好這道菜，它就會完全消失，因為一點剩菜都不會留下。

1	隻有機全雞
	粗鹽
	現磨黑胡椒
1	大匙無鹽奶油
2	大匙特級初榨橄欖油
1	根芹菜，切塊
1	大根紅蘿蔔，去皮切塊
1	小根韭蔥（leek），切塊
1	片鴨肉培根，切碎
1	片乾燥月桂葉（bay leaf）
1	小匙新鮮百里香葉（thyme）
½	杯白酒
2	杯蔬菜高湯（見36頁），或雞高湯（見39頁）
2	杯清水
1	杯未漂白多用途麵粉（中筋），或斯佩特小麥粉（white spelt flour）
1	小匙泡打粉（baking powder）
½	杯又1小匙奶精（half-and-half）
½	小匙細鹽
	新鮮巴西里（parsley），裝飾用

烤箱預熱到200℃（400℉）。

清洗並拭乾全雞（見43頁）。丟棄背骨，切成10塊。

用大量粗鹽和胡椒調味雞塊。拿出你最大適用烤箱的（oven safe）鍋子（直徑至少12吋約30公分，附蓋子），放入奶油和橄欖油，以中高火加熱，將雞肉徹底煎到焦黃，必要的話，分批來煎，然後將雞肉放到一個盤子上備用，保留鍋子裡的油脂。接著在鍋子裡放入蔬菜、鴨肉培根，月桂葉和百里香，以中-低火煎15分鐘。將雞肉倒回鍋裡，加入白酒，加熱到沸騰，煮2分鐘。加入高湯和水，加熱到沸騰，以鹽和胡椒調味。熄火，蓋上剪成圓形的烘焙紙（parchment paper），蓋上蓋子，送入烤箱以200℃（400℉）烤一個半小時。

同時，在碗裡混合麵粉、泡打粉、奶精和細鹽。將鍋子從烤箱取出，丟棄烘焙紙，用杓子將餃子麵糊舀到雞肉上，大概可以做出10個，蓋上蓋子，將鍋子送回烤箱烤10分鐘。從烤箱取出後，撒上巴西里末和一點黑胡椒，立即上菜。每一碗裡都要澆上足夠的湯汁。

 份量：4 人份 • 全程準備時間：1 小時
積極準備時間：2½ 小時

 這道菜可以事先準備到製作餃子麵糊的部分。

奶油香煎比目魚
sole à la grenobloise

某個傍晚母親到海邊散步，順便約了一些朋友來家裡便餐。我臨時被指派下廚，匆促之間，我以經典的法式料理法，做了這道美味的嫩煎魚，可以說是不負眾望。焦香的奶油和檸檬完美地襯托了比目魚的細緻肉質。

½　杯鮮奶

1　杯未漂白多用途麵粉(中筋)，混合了一大撮鹽和少許現磨黑胡椒

4　片比目魚又稱鰨魚的魚片(fillets of sole)，去皮(每片約重4盎司120克)

¼　杯特級初榨橄欖油

4　大匙無鹽奶油，分成兩份

2　大匙鹽漬酸豆(salt-packed capers)，清洗後瀝乾

1　顆檸檬，去除外皮和中果皮(pith)，切成圓片狀

馬爾頓海鹽(Maldon)

 份量：4人份・積極 & 全程準備時間：20分鐘

將鮮奶和麵粉，分別裝入兩個淺碗內。先將魚片沾裹上鮮奶，再薄薄裹上麵粉。在大型不沾平底鍋內，以中 - 高火加熱橄欖油和2大匙的奶油。輕輕放下魚片，每面煎2分鐘，或直到煎熟轉成焦黃色。必要的話，分批來煎。

在煎魚的空檔，用另一個小型平底深鍋，以中 - 高火加熱剩下的2大匙奶油。當表面開始冒泡並轉成褐色時(約1分半鐘)，加入酸豆並熄火。加入檸檬片。

將魚片盛到上菜的盤子上，舀上奶油醬汁，確認平均分配酸豆和檸檬。最後撒上一點粗鹽後上菜。

墨西哥玉米餅包炸魚
fish tacos

完美的全家餐！我喜歡把各種配菜放在小碗裡，讓大家可以準備自己喜歡的玉米餅口味——這成爲一種好玩又有創意的活動，又是這麼好吃！我吃素的女兒不包魚肉，她會夾上黑豆、莎莎醬和酪梨醬（guacamole）。

　　一個比較健康的選擇是，將魚片用橄欖油、大量萊姆汁、鹽、胡椒和香菜末（可省略）先醃過，少則一個小時，多則一整晚。然後每面燒烤（grill）幾分鐘，視魚片的厚度而定。

紅花籽油或花生油，油炸用

1 杯未漂白多用途麵粉（中筋）

1 杯啤酒

粗鹽

¼ 小匙現磨黑胡椒

1½ 磅約675克白肉魚片（鱈魚 cod、狹鱈 pollock 和黑線鱈 haddock 都很好 --- 當天新鮮的最重要），切成手指般大小（約2吋長½吋厚＝5公分長1.3公分厚）

玉米餅（corn tortillas）

萊姆蛋黃醬 Lime Crema（見167）

莎莎醬 Pico de Gallo（見166頁）

鹽漬高麗菜 Salted Cabbage（見166頁）

酪梨醬 Guacamole（見166頁）

恰路拉辣醬（Cholula hot sauce）

 份量：4人份・積極 & 全程準備時間：25分鐘

將紅花籽油，倒入一個大鍋內至2吋（約5公分）高，或者使用你的油炸鍋（deep-fat fryer），加熱到180℃（350℉）。

　　同時，在一個大碗裡，混合麵粉、啤酒、一撮鹽和胡椒，用來沾裹魚塊後，將魚塊小心放入油炸。注意不要擠得太滿。炸3-4分鐘，不時翻動，直到完全焦黃為止。取出放在鋪了廚房紙巾的盤子上，撒上一點鹽。以同樣的方法重複將所有的魚塊油炸完。

　　上菜時，在平底鍋內倒一點油或奶油，將玉米餅的兩面煎一下。煎好了堆成一疊，和所有的餡料一起上桌。要吃的時候，先在玉米餅上抹上一湯匙的萊姆蛋黃醬，再疊上2-3片的炸魚，大量的莎莎醬，一點鹽漬高麗菜和酪梨醬，我也喜歡加上恰路拉辣醬。

柴火烤爐披薩
wood oven pizzas

我們的花園裡，有一個披薩柴火烤爐（wood-burning pizza oven）—— 我知道，很奢侈，可是這是我最值得的投資之一。自製披薩不但美味，更是絕佳的全家活動 —— 而且很好玩。我的孩子們喜歡創造自己的版本 —— 女兒喜歡番茄醬汁和橄欖，兒子喜歡經典的馬格麗塔（Margarita）起司。我喜歡四種起司口味（mozzarella, Parmesan, Gorgonzola, fontina 和一點松露橄欖油），或披薩拉蒂耶 Pissaladière（慢煎洋蔥、大蒜、鯷魚和黑橄欖）。只要麵皮是自製現做的，就不會出錯。而且，只要有披薩石板（pizza stone），用一般家庭烤箱就可以烤出來，只要記得在烤第一個披薩前，要先將披薩石板放在最上層，使它的溫度升到最高。

麵皮的部分

2¼ 杯溫水，分成兩份

2 大匙砂糖（granulated sugar）

3 包或 2 大匙又 ¾ 小匙的活性乾酵母
（active dry yeast）

約 5 杯的高筋麵粉（King Arthur
bread flour），分成兩份，外加揉
麵所需的手粉

1½ 大匙特級初榨橄欖油

1 大匙粗鹽

醬汁的部分

2 大匙特級初榨橄欖油

4 顆大蒜，去皮保留整顆

1 罐 28 盎司約 800 毫升的整顆去皮
番茄，含原汁

1 小匙粗鹽

表面餡料的部分（可任選兩種，或自由
搭配）

新鮮莫札里拉（mozzarella）

新鮮羅勒（basil）葉

你擁有最上等的橄欖油

慢煎洋蔥（做 2 個披薩的話，我會
用 3 個黃洋蔥，切成細圈狀，以中
火和幾湯匙的橄欖油、一片月桂葉
和一枝百里香，慢煎到變軟成焦糖
狀，約 25 分鐘）

罐裝西班牙橄欖油鯷魚（olive oil-
packed Spanish anchovies）

橄欖

帕瑪善起司（Parmesan cheese）

戈根索拉起司（Gorgonzola）

松露橄欖油（truffle oil）

如果你有柴火爐（a wood fire），在要吃披薩的兩小時前就要先生火，如果沒有，至少要在用餐的一小時前，就先將披薩石（pizza stone）放入烤箱加熱到最高溫。

麵皮的部分，在一個大碗裡，攪拌混合¾杯的水、糖和酵母，靜置約5分鐘，直到表面浮出一些泡泡，變得混濁。加入1½杯的水、3¾杯的麵粉、橄欖油和鹽，攪拌到質地均勻。一邊攪拌，一邊緩緩再倒入1杯的麵粉，直到麵團可以和碗緣分離。

在撒了大量手粉的工作台上，開始揉麵團，直到變得質地光滑有彈性，約需要8分鐘的努力。邊揉邊撒手粉，使其不會沾黏。將揉好的麵團塑成球狀，撒上手粉，輕放入碗裡，用保鮮膜蓋好。置於溫暖處，使其膨脹成兩倍大，約需1½小時（也可以放入冰箱2小時或一整晚）。

同時處理醬汁的部分，在中型鍋子裡，倒入橄欖油和大蒜，以中火加熱。加入番茄及原汁，鹽，加熱到沸騰。轉成小火，讓醬汁慢煮1小時。冷卻到室溫後，用料理機打成泥狀。

要鋪餡時，剝下一塊麵團，用雙手手指將它推展開來，使其變得很薄。在披薩鏟（pizza peel）撒上手粉，再放上披薩（這樣會比放上整個裝滿餡料的披薩容易）。

餡料的部分，任選自己喜歡的加。一層番茄醬汁、一點撕碎的莫札里拉、羅勒葉和少許橄欖油，是最經典的搭配。我喜歡放很多慢煎洋蔥、一點鯷魚和黑橄欖。四種起司的搭配也很棒，再加點松露橄欖油。不過要記得，送入烤箱前要澆上足夠的橄欖油。如果披薩做得很薄，烤箱的溫度夠高，每片披薩可以在2分鐘內烤好。大部分的一般烤箱費時較久，約6分鐘。披薩皮的邊緣要有點金黃褐色，而表面餡料會滾燙冒泡。

份量：4-6個6吋披薩 · 積極準備時間：1小時
全程準備時間：約2½小時

十小時烤雞
ten-hour chicken

如果你早上要出門上班，希望回到家就有簡單的晚餐可吃，就非常適合來做這道菜。它是一道長時間慢煮的料理，雞肉用一整天的時間，以自己的油脂來煮熟，因此會酥爛軟嫩又多汁。要確定雞胸肉朝下，並且用錫箔紙完全密封好，到家時，只要打開錫箔紙，將雞翻面，把外皮烤脆，就成了一道對職業婦女最輕鬆簡單的晚餐。

1　隻有雞全雞（3-4磅約1400-
　　1800克），清洗拭乾（見43頁）

1　顆檸檬，切半
　　粗鹽
　　現磨黑胡椒

½　小把新鮮百里香（thyme）
　　半球（half a head）大蒜，去皮

將烤箱預熱到100℃（200℉）。

　　雞肉放在長方形烤盤裡，雞胸肉朝下。均勻擠上半顆檸檬，撒上大量的鹽和胡椒，裡裡外外抹勻調味。將百里香、檸檬和3-4瓣大蒜，塞入內腔。剩下的大蒜撒在四周。用錫箔紙將烤盤完完全全密封好，送入烤箱烤9½小時，對，這不是在開玩笑。

　　取出雞肉，將溫度轉到200℃（400℉），可能的話，調到對流功能。打開錫箔紙，翻面，使雞的背部朝下，再撒上鹽和胡椒，烤15-20分鐘，或直到變成漂亮的金黃色。靜置冷卻一會兒，即可分切，多多加上烤出的雞汁食用。

份量：4人份　•　積極準備時間：10分鐘　•　全程準備時間：約10小時

 早上送入烤箱後，一直到晚上返家前都不用擔心。

自製照燒醬烤鮭魚
broiled salmon with homemade teriyaki sauce

這道美味的照燒鮭魚，是我讓兒子乖乖吃鮭魚的法寶（鮭魚有許多蛋白質、omega 等，是超有營養的神奇食物）。裡面加了蜂蜜，所以焦糖化後會變得酥脆香甜。我會替大人準備大片的，小孩子則是入口大小的小份量。真的很好吃。

- ¼ 杯醬油
- 2 大匙味酥（mirin）
- 3 大匙蜂蜜
- ⅓ 杯清水
- 1 小匙去皮磨碎的生薑
- 2 枝新鮮的香菜（cilantro）
- 4 片6盎司約175克的鮭魚魚片，去皮
- 1 大匙切碎的新鮮細香蔥（chives），上菜用

在一個小型平底深鍋內，混合醬油、味酥、蜂蜜、水、薑和香菜，以大火加熱。沸騰後立即轉小火，慢煮2分鐘。離火冷卻，然後倒入一個大碗裡，或塑膠袋中，加入鮭魚。放入冰箱入味一小時以上，或放一整晚。

要晚餐時，預熱燒烤爐（broiler）。

將鮭魚放入一個厚實的烤盤上，連同魚身上殘留的醬汁，烤7-8分鐘，或至你喜歡的程度。在烤的同時，將剩下的醬汁倒入一個乾淨的平底深鍋內，加熱到沸騰，使醬汁濃縮。

上菜時，在煮好的鮭魚上澆上醬汁，並撒上一點細香蔥。

make it kid friendly 適合孩子的版本　將一些鮭魚切成 1 吋約2.5公分大小，和大片鮭魚一起烤，不要撒細香蔥，孩子會很愛吃，尤其當你說這是「蜂蜜醬」做的。

make it vegan 全素版本　鮭魚可用豆腐代替。

份量：4人份 · 積極準備時間：20分鐘
全程準備時間：1½ 小時到隔夜

完美中式烤鴨
perfect roasted chinese duck

這絕對是一道宴客菜或週日晚餐。要費一點功夫，但絕對值得。隔天，你一定
要接著做鴨高湯，來煮蕎麥麵（見52頁）。用芝麻煎餅、現成的中式煎餅或墨西
哥玉米餅（flour tortillas），來搭配紅味噌海鮮醬、小黃瓜絲和蔥絲上菜。

1　大隻有機鴨，清洗拭乾
　　（見43頁）

　　粗鹽

　　現磨黑胡椒

1　小顆黃洋蔥，去皮，切成四等份

2　顆八角

⅛　小匙丁香粉（ground clove）

¼　杯黑糖（dark brown sugar），
　　最好是未精煉過的

　　滾水

1　條黃瓜，切細條，上菜用

1　把蔥，切絲，上菜用

　　芝麻煎餅，上菜用（見180頁）

　　紅味噌海鮮醬（Red Miso
　　Hoisin）（見180頁）

烤箱預熱到180℃（350℉）。

　　把內腔開口和鴨屁股處，多餘的鴨皮修切掉（可以留著取油，煎炸馬鈴薯用）。用手指和刀尖，滑入鴨皮和鴨胸之間，使其鬆脫，但不要撕下。用刀子在鴨子身上到處戳洞（約50下），但不要刺穿鴨肉。這樣可以確保，鴨皮的油脂能夠釋出，因此可以烤得酥脆而美味。

　　將鴨子放到大型烤盤上。前前後後裡裡外外都撒上鹽和胡椒。將洋蔥和八角塞入內腔裡。鴨胸朝上，撒上丁香粉。黑糖撒在鴨子四周，但不要撒在身上。澆上足夠的滾水，約為1吋＝2.5公分高度（可以緊縮鴨皮）。

　　用鋁箔紙將烤盤完全密封。烤一小時後，翻面，再用鋁箔紙包好烤一小時。鴨子放到盤子上冷卻。

　　同時，將烤盤放到火爐上，用大火煮湯汁約20-30分鐘，或直到濃縮減半。稍微冷卻後，倒入保鮮盒內。將鴨子和湯汁分別包好，放入冰箱過一夜。

　　要完成烤鴨的最後步驟，將烤箱預熱到260℃（500℉）。

　　將鴨子烤25分鐘，或直到變得酥脆金黃褐色。靜置10分鐘後再分切。

　　上菜時，使用你保留的湯汁。表面應該已經凝結了一層厚厚的油脂，將其舀除丟棄。剩下的褐色湯汁倒入一個小型平底深鍋內，用中火加熱。將鴨子分切成薄片，淋上熱好的湯汁。芝麻餅抹上海鮮醬後，就可以放上一點鴨肉、黃瓜條、蔥絲包起來。

份量：4人份・積極準備時間：20分鐘
全程準備時間：2½ 小時加上隔夜冷卻時間

白豆燉肉鴨肉版 duck "cassoulet"

我第一次吃到油封鴨(duck confit)，是和父親一起去巴黎旅行的路上，一個叫 Josephine Chez Dumonet 的地方。我從來沒有想到鴨子可以如此美味、軟嫩而酥脆。當我發現白豆燉肉(油封鴨是其中閃亮主角)時，我為之驚艷不已。當我不再吃豬肉和紅肉時，我決定自創版本。這裡的版本，不含豬肉，濃腴味美，完美的一鍋搞定周末晚餐。要是還有機會煮給父親吃就好了，他一定會陶醉死了。

2 罐14盎司約800毫升的白腰豆(加納利豆 cannellini beans)，清洗瀝乾

1 大片韭蔥(leek)外層的深綠色葉片

7 瓣去皮大蒜，3瓣壓扁，4瓣切薄片

  粗鹽

  香草束(bouquet garni)：3株新鮮巴西里(parsley)、1株香葉芹(chervil)、2顆丁香(cloves)、1片月桂葉(bay leaf)、6顆胡椒粒(peppercorns)

4 片鴨肉培根，去除其中3片的肥肉，全部切小塊(lardoons)

1 顆中型黃洋蔥，去皮切碎

1 罐14盎司約400毫升的整顆去皮番茄含原汁

  現磨黑胡椒

4 隻油封鴨腿，將多餘油脂刮除(可以留著煎炸馬鈴薯！)

2 大匙特級初榨橄欖油

½ 條放了一天的枴杖麵包(baguette)，切成麵包粗粒(coarse crumbs)，或用食物處理機以高速跳打(pulse)10次

1 大匙切碎的新鮮巴西里(parsley)

2 枝新鮮的百里香(thyme)

將豆子、韭蔥葉、1瓣壓扁的大蒜、1大撮鹽和香草束，放入一個大型平底深鍋內。以冷水淹沒加熱到沸騰後轉小火，一邊慢煮一邊進行下一步驟。

在一個大型厚重的鍋子裡，以中 - 大火煎鴨肉培根約3分鐘，直到變金黃褐色又酥脆。轉成小火，加入洋蔥和4瓣大蒜片。煮15分鐘，維持小火。加入番茄和原汁，用木匙稍微壓扁番茄，加入一撮鹽和少許現磨黑胡椒。小火慢煮半小時。

同時，將鴨腿放入大型煎鍋內，以中火加熱。兩面都煎到金黃褐色，約各5分鐘，取出放在盤子上，保留鍋裡的油脂。在鍋子裡倒入橄欖油、剩下的2瓣壓扁大蒜、維持中火。加入麵包粉炒約2分鐘，直到發出香味。離火，丟棄大蒜，加入巴西里碎。

這時候，番茄糊應該煮得差不多了。將豆子瀝乾，保留煮豆水，丟棄韭蔥、大蒜和香草束。將豆子倒入番茄糊中，再加入百里香和鴨腿。以鹽和胡椒調味。

這時，你可以等一兩天再煮燉肉 —— 將豆子和鴨肉、煮豆水、麵包粉分別放入冰箱冷藏，要煮時，再回復到室溫。或者，將烤箱預熱到180℃(350℉)進行最後步驟。鴨肉入鍋，撒上麵包粗粒，均勻舀上1½杯煮豆水。送入烤箱烤到麵包粗粒變金黃褐色，約半小時。

 份量：4人份 · 積極準備時間：1小時 · 全程準備時間：1½小時

烘烤填塞龍蝦
grilled "baked stuffed" lobsters

烘烤填塞龍蝦一直是我最喜愛的東岸特色菜之一。這個版本帶有一股煙燻碳烤味，但用一般的烤爐（broiler）也可以。填塞餡料的秘訣是，將蝦卵（roe）和龍蝦肝（tomalley）切碎，和其他的材料混合 — 素蛋黃醬也能增添美味的濕潤度。

2　隻1½磅約680克重的龍蝦

1¼　杯現打粗粒麵包粉（將放了一天的麵包，用食物料理機打碎）

2½　大匙乾燥麵包粉

5　大匙無鹽奶油，融化後分成兩份

3　盎司約90克蟹肉（jumbo lump），用手分成絲狀

⅓　杯蝦子（rock shrimp），切碎，或是額外的蟹肉

1　大匙切碎的新鮮巴西里（parsley）

½　小匙粗鹽

¼　小匙現磨黑胡椒

2　小匙新鮮檸檬汁

3　大匙素蛋黃醬（Vegenaise），分成兩份

燒烤爐（grill）用大火預熱。

　　將龍蝦切成兩半。用尖刀迅速準確地插入雙眼中央，然後俐落地一路切到尾部。用湯匙舀出蝦卵，切碎。在一個大碗裡，混合蝦卵、現打和乾燥的麵包粉、2大匙奶油、蟹肉、蝦肉、巴西里、鹽、胡椒、檸檬汁和2大匙的素蛋黃醬。在另一個小碗裡，將剩下的素蛋黃醬，和剩下的3大匙奶油攪拌混合。將餡料均勻地鋪在切開的龍蝦肉上，並平均澆上蛋黃醬及奶油醬汁。小心地將龍蝦放在烤盤上，再放入生好火的碳烤爐上，蓋上蓋子，烤15分鐘，直到餡料變金黃褐色，龍蝦肉也剛熟透。

note 注意：你可以在室內利用烤箱製作這道菜，溫度調到230℃（450℉）烤15分鐘，使龍蝦熟透，再放到明火烤爐上烤（broil）2分鐘，使表面變金黃褐色。

　　不用龍蝦的話，也可以把餡料放在切開呈蝴蝶狀的大明蝦（**butterflied jumpo shrimp**）上，大明蝦要事先用鹽和胡椒調味，只需10分鐘即可烤熟。味美無比。

 份量：4人份・積極準備時間：10分鐘・全程準備時間：½小時

填塞龍蝦的工作，可以事先準備好。

艾芙琳嬸嬸的牛胸肉

（維琪 & 桃樂絲奶奶的祕方）

aunt evelyn's brisket
（by way of grandma vicki
& grandma dorothy）

我爸爸的兄弟，鮑比 Bobby，在很久很久以前，娶了一個叫做艾芙琳 Evelyn 的女孩。艾芙琳嬸嬸是西班牙語猶太人（Sephardic Jew），她有一個了不起的媽媽，也是家族的大家長，維琪 Vicki。我的奶奶桃樂絲 Dorothy，和維琪的住家只隔一條街，她們常常一起吃飯。她們都會做牛胸肉，而且兩家的食譜各有巧妙。雖然我已多年不吃紅肉，至今仍記得那股柔軟美妙的滋味，而且一定是搭配著奶油麵條（butter noodles）享用。當我寫這本食譜書時，覺得一定要收錄一道牛胸肉料理，才對得起在我之前派特洛 Paltrow、威格 Weigert 和赫茲 Hertz 家族的女性，因為在那個時代，牛胸肉是很重要的基本食物。我們把各家食譜都集中在一起，（其中一道還交代要用洋蔥湯粉 Lipton onion soup mix 乾抹在肉上！）寫出了綜合各家之長的終極食譜。茱莉亞圖什 Julia Turshen，幫我寫出這本書的副手，和她的媽媽及外婆，一起試過這道菜，大獲好評。

13 磅約5公斤850克的牛胸肉
（brisket）

1 大匙匈牙利紅椒粉（paprika）

2 瓣大蒜，去皮切碎

1 小匙粗鹽

½ 小匙現磨黑胡椒

7 大匙特級初榨橄欖油，分成兩份

2 顆大型的黃洋蔥，去皮切薄片

4 根紅蘿蔔，去皮切成3吋約8公
分的小塊

2 杯優質的紅酒

½ 杯雞高湯（見39頁）

將烤箱預熱到150℃（300℉）。

　　修切掉胸肉多餘的油脂。同時，將匈牙利紅椒粉、大蒜、鹽、胡椒和1大匙的橄欖油攪拌混合。抹在牛胸肉上，放在室溫備用，同時料理蔬菜。

　　在大型的平底鍋裡，以中‐大火，加熱2大匙的橄欖油。加入洋蔥，不時翻攪，煎約10分鐘，直到轉成金黃褐色。將洋蔥撈起，放在一個9×13吋約23×33公分的砂鍋（cassserole dish）的底部。在原鍋裡再加入2大匙的橄欖油，倒入胡蘿蔔，一邊煎一邊翻動約5分鐘，直到轉成金黃褐色。將胡蘿蔔也倒在洋蔥上。原鍋再加上2大匙橄欖油，轉成大火，煎牛胸肉，將兩面各煎約4分鐘，使其轉成深褐色。將牛胸肉放在蔬菜上。把紅酒倒入平底鍋裡，加熱到沸騰，煮3分鐘。然後和雞高湯一起倒在牛胸肉和蔬菜上。

　　用鋁箔紙將砂鍋密封好，送入烤箱烤3小時。將牛胸肉從砂鍋取出，使其冷卻，同時製作醬汁。將烤好的蔬菜分一半，和1杯砂鍋裡的湯汁，一起用料理機打成質地綿密，倒回剩下的蔬菜和湯汁裡（這樣可使湯汁更濃稠）。將牛胸肉依自己喜歡的厚度切片，立即上菜，或是和蔬菜放在一起，包好，再用烤箱以150℃（300℉）加熱再上菜。

 份量：4人份，還會剩下隔餐的份 ‧ 積極準備時間：20分鐘 ‧ 全程準備時間：3-4小時

side
dishes
配菜

幾道漂亮的小菜，可以給人驚喜與滿足

並賦予蔬菜不同的創意做法。它們可以用來配襯主菜，但有時候我的整道晚餐，就是許多小盤的蔬菜料理組成的，尤其是我想要在蔬食上做點變化的時候。我最要好的蔬食朋友，史黛拉・麥卡尼 Stella McCartney，夏天全家來我家吃飯時，我會加倍份量，辦一桌蔬食宴席，有時候是義大利風（義式烤麵包片 bruschetta、布拉塔起司 burrata 佐烤甜菜根、烤甜椒、填充朝鮮薊、櫛瓜花），有時是美國東岸夏季風味（出自 GOOP. com 的大蒜麵包、玉米煎餅和簡單的豆子沙拉）。

嫩煎青菜佐洋蔥和醬油
sautéed greens with onions & soy sauce

這是一道簡單的配菜，卻因為有味道強烈的青菜、甜味洋蔥和醬油而滋味無窮。
冬季蔬菜有大量的養分，所以我很願意看到家人多多攝取。

2　大匙特級初榨橄欖油

1　小顆黃洋蔥，去皮切薄片

1　磅約450克當季青菜（甘藍菜
　　kale、蒸菜 Swiss chard、蒲
　　公英 dandelion... 等），去除莖
　　部，葉片清洗後撕大塊

½　杯清水

1½　大匙醬油

將橄欖油倒入大型平底鍋內，以中大火加熱。加入洋蔥，煎約5-7分鐘，不時翻動，直到變得柔軟，邊緣變金黃褐色。加入一半的青菜和水，約1-2分鐘，就會熱縮。加入剩下的青菜，炒3分鐘，使其也熱縮但仍維持一點口感。加入醬油，再加熱1分鐘，上菜。

 份量：4人份綽綽有餘 · 積極 & 全程準備時間：10分鐘

慢烤花椰菜
roasted cauliflower

以橄欖油慢烤花椰菜，可以帶出不可思議的甘甜味和脆感——正是小孩子喜歡的
口味。我的孩子很愛這個。可以做成配菜，或是切碎加入沙拉裡。

1　顆白花椰菜，去除中央硬核，
　　切成小株

2　大匙特級初榨橄欖油

1　撮粗鹽

1　撮現磨黑胡椒

烤箱預熱到230℃（450℉）。

　　在一個大烤盤裡（使所有的花椰菜能放滿一層），將所有材料混合均勻。
烤35分鐘，不時翻動，直到全部的花椰菜都轉成焦糖化般的褐色。非常簡單
卻又是無法置信的美味。

 份量：4人份 ・ 積極準備時間：5分鐘
全程準備時間：40分鐘

酥脆大蒜馬鈴薯糕
crispy potato & garlic cake

我第一次吃到像這樣的料理，是在巴黎的 **Chez L'Ami Louis**，這大概是我父親最鍾愛的一家餐廳。他們有一道像這樣的派，熱呼呼，蒜味又濃 — 我在幾年前開始自己想辦法複製出來。我不知道他們到底是怎麼做的，但我創造出以下的版本來向他們的傑作致敬。我喜歡搭配烤肉或油封鴨上菜，充滿法式風情。

2　顆大型的烘焙馬鈴薯（baking potatoes）（每顆約重⅔磅約300克），去皮

¼　杯又1大匙鴨油（duck fat）（1大匙的份量是要用在煎鍋上，也可用奶油代替）

¼　杯特級初榨橄欖油

3　瓣去皮大蒜，2瓣壓扁，1瓣切碎

　　粗鹽

1　大匙切碎的新鮮巴西里（parsley）

預熱烤爐（broiler）。

　　將馬鈴薯以滾水煮20分鐘，冷卻後，切成⅓吋約0.3公分的薄片。在一個大型不沾煎鍋裡，以中火加熱各1湯匙的鴨油和橄欖油。加入1瓣壓扁的大蒜，和剛好能鋪滿一層的馬鈴薯片。一面各煎3分鐘，直到變成金黃色。取出，倒入鋪上廚房紙巾的盤子上，以同樣的步驟煎完所有的馬鈴薯，如果大蒜變焦，就替換成下一顆。

　　在一個小型（直徑6-8吋約15-20公分）鑄鐵平底鍋內，加入1大匙的鴨油，使其均勻覆蓋表面。在底部鋪上一層煎好的馬鈴薯，撒上鹽，再鋪下一層。重複這樣的步驟，一邊撒鹽，一邊用木匙背面，將每一層用力向下壓，直到用完所有的馬鈴薯。向下壓才能使馬鈴薯糕定型，所以動作不要太輕柔。將馬鈴薯糕放在明爐（broiler）下方，使其變得酥脆轉成褐色，約5分鐘。取出，放到盤子上，撒上1瓣切碎的大蒜、巴西里和鹽（想要的話）。切成1人份的塊狀，上桌。

份量：4人份　•　積極 & 全程準備時間：將近1小時

開始爐烤前的部分，都可以事先準備好。

楓糖芥末烤冬日蔬菜
maple-dijon roasted winter vegetables

大人和小孩，都同樣喜愛這道香甜的烤蔬菜。任何種類的根莖類蔬菜，都可適用 — 奶油南瓜（butternut squash）、蕪菁（turnips）等。無論你怎麼搭配，楓糖和芥茉醬，都可以提升風味，取悅家人。

3　大匙楓糖（real Vermont maple syrup）

3　大匙第戎芥末醬（Dijon mustard）

3　大匙特級初榨橄欖油

½　小匙粗鹽

½　小匙現磨黑胡椒

1　顆大型的地瓜，去皮，切成3吋長½吋寬＝7.5公分長1.3公分寬的細條狀（如薯條般）

4　顆防風草根（parsnips），去皮，切成3吋長½吋寬的細條狀（如薯條般）

4　根紅蘿蔔，去皮，切成3吋長½吋寬的細條狀（如薯條般）

烤箱預熱到220℃（425°F）。

　　將楓糖、芥末醬、橄欖油、鹽和胡椒混合均勻。用來沾裹蔬菜條後，將蔬菜放在烘焙紙上，送入烤箱烤約25分鐘，中間不時翻動，直到變金黃褐色並完全烤熟。

份量：4人份 · 積極準備時間：10分鐘
全程準備時間：約½小時

辛香烤地瓜
roasted sweet potatoes with spices

地瓜是全家人的最愛。這道食譜利用楓糖,加重了它原本的甜味 — 使地瓜軟嫩
香甜。其中的辛香料使它也非常適合假日氣氛。

1¼	磅約560克地瓜(約是2顆中型地瓜的份量),去皮
⅓	杯楓糖(real Vermont maple syrup)
2	大匙蔬菜油
¼	小匙肉桂粉(ground cinnamon)
⅛	小匙丁香粉(ground clove)
1	大顆柳橙(orange)
1	顆八角(anise)

烤箱預熱到190℃(375℉)。

　　將每顆地瓜橫切成兩半,然後切成⅓吋約0.8公分的厚片(半顆的地瓜可以切出約4片,視個別大小而定)。在一個大型陶製(earthenware)烤盤裡,鋪上烘焙紙(可以節省事後清理時間),再鋪上一層地瓜片。

　　將楓糖、蔬菜油、肉桂粉和丁香粉,在小碗裡混合均勻。在柳橙上刮削下2大條果皮(zest),柳橙切半,將其中一半擠出汁來,加入小碗裡。將小碗裡的汁液均勻地倒在地瓜上,在空隙中放入果皮絲和八角。烤45分鐘,或直到地瓜變軟。

 份量:4人份 · 積極準備時間:10分鐘
全程準備時間:將近1小時

甘藍薯條 kale chips

要讓你的家人攝取這種營養豐富的蔬菜，這裡有一個絕佳的點子。它會在烤箱
裡烤得酥脆，變得很像薯條。我的孩子真的把它當薯條吃：停不下來。

1　大把甘藍菜(kale)，去莖梗，
　　葉片撕成1½吋約4公分大小

2　大匙特級初榨橄欖油

　　粗鹽

烤箱預熱到200℃(400℉)。

　　將甘藍均勻沾裹上橄欖油，平均放在兩張烘焙紙上。撒上粗鹽，
烤12-15分鐘，直到變為酥脆的金黃褐色。以薯條的方式食用。

 份量：4人份 • 積極準備時間：2分鐘 • 全程準備時間：15分鐘

美味涼拌高麗菜 deli coleslaw

我還沒有在英格蘭(在孩子上學期間，我住在那裡)找到真正的美味涼拌高麗
菜。當我懷念起在紐約 Deli 的午餐或烤肉時，這道食譜可以舒緩思鄉之情。它
的風味道地。我會直接夾在三明治裡吃。

½　小顆青綠高麗菜(green
　　cabbage)，磨碎(coarsely
　　grated)(約為2杯)

　　粗鹽

½　根紅蘿蔔，去皮磨碎(coarsely
　　grated)

½　杯素蛋黃醬(Vegenaise)

2　小匙蘋果酒醋(apple cider
　　vinegar)

2　小匙砂糖(granulated sugar)

將高麗菜絲沾裹上一大撮鹽，靜置10分鐘。加入其餘的材料，攪拌混合。
靜置入味至少1-2個小時，最好是能隔夜。

 份量：4人份 • 積極準備時間：15分鐘
全程準備時間：15分鐘外加1小時以上的入味時間

炸薯條的兩種方法 french fries: two ways

這裡列出了兩種方法，來料理我在地球上最喜歡的食物：炸薯條。不用炸的薯條版本，可以做出酥脆好吃的薯條，但不用擔心油炸食品帶來的身體負擔。油炸的版本，當然就是眞的用油來炸，因此，更爲美味。

不用炸的薯條 NO-FRY FRIES

2　大顆高澱粉質馬鈴薯（russet potato），（每顆⅔磅約300克）削皮

2　大匙橄欖油

¾　小匙粗鹽

烤箱預熱到230℃（450℉）。

　　將馬鈴薯橫切成兩半，再切成⅓吋寬約0.8公分的長條狀。將切好的馬鈴薯泡入冷水中。接著用廚房紙巾拭乾（乾的馬鈴薯＝酥脆的薯條）。將馬鈴薯沾裹上橄欖油，並撒上鹽。在烤盤上，架上冷卻網架（cooling rack set），放上馬鈴薯條烘烤到變成金黃色並完全烤熟，中間翻轉數次，烤約25分鐘。

 份量：4人份 ・ 積極準備時間：10分鐘 ・ 全程準備時間：½ 小時

眞正的炸薯條 REAL FRENCH FRIES

2　大顆粉質烘焙馬鈴薯（baking potato 非臘質，每顆⅔磅約300克）削皮

　　紅花籽油（safflower oil），油炸用

　　粗鹽

將馬鈴薯橫切成兩半，再切成⅓吋寬約0.8公分的長條狀。一邊切，一邊將切好的馬鈴薯泡入冷水中，浸泡至少半小時，多則一整晚。接著用廚房紙巾拭乾，每面都要擦（很麻煩，但是很值得，因為乾的馬鈴薯＝酥脆的薯條）。在一個大型厚重的鍋子裡，或專用油炸鍋裡，加入足夠的紅花籽油（至少4吋約10公分高），加熱到150℃（300℉）。將馬鈴薯分批下鍋油炸4-5分鐘，用漏匙翻攪，直到變成金黃色。接著在烤盤上，架上冷卻網架（cooling rack set），將炸好的薯條放上冷卻，再炸下一批。等到全部的薯條油炸完，將油鍋加熱到190℃（375℉），進行第二次的分批油炸，約2分鐘，直到薯條轉為黃褐色並變得酥脆。放到網架上冷卻，撒上大量的鹽，立即上桌。

 份量：4人份 ・ 積極準備時間：30分鐘 ・ 全程準備時間：1 小時

番茄和麵包鑲朝鮮薊
stuffed artichokes with bread & tomatoes

我在 DaSilvano's 享用過，最喜愛的配菜之一就是鑲朝鮮薊。想要複製出它的做法，數次嘗試後，創造出以下的食譜。它含有北義大利的經典搭配 — 老麵包（day-old bread）和番茄 — 然後填塞入蒸好的朝鮮薊中。這是一道很棒的配菜，尤其是搭配額外的油醋汁，當做朝鮮薊葉片的蘸醬 — 當然，也可以作為一頓清爽的午餐。

4 顆朝鮮薊(artichokes)，將頂部和老硬的外層葉片切除

½ 杯又2大匙的特級初榨橄欖油

3 大匙紅酒醋

粗鹽

現磨黑胡椒

4 杯放了一天的½吋約1.3公分大小的麵包丁(約為½根的拐杖麵包)

2 杯櫻桃番茄，切成四等份

1 小把新鮮羅勒葉(basil)，撕碎

1 顆檸檬

將朝鮮薊蒸煮45分鐘。

　　同時，將½杯的橄欖油、醋、鹽和胡椒攪拌均勻。加入麵包丁混合，如果麵包太乾，就加入1小湯匙的溫水。用雙手壓破番茄加入，並加入羅勒攪拌。靜置備用。

　　朝鮮薊煮好後，靜置10-15分鐘冷卻。用湯匙挖出中央毛絨絨的部分。在空缺處擠上檸檬汁，然後將麵包沙拉填塞進去。澆上剩下的2大匙橄欖油。以室溫上菜。

 份量：4人份 · 積極準備時間：10分鐘 · 全程準備時間：1小時

布魯斯蘸醬
bruce's dip

爸爸曾經常做這道蘸醬，用半顆熟成的酪梨盛裝著──旁邊擺上一份三明治，
就是我們在夏天的常備佳餚。

1	杯素蛋黃醬（Vegenaise）	將所有材料混合在一起即成。
½	杯酸奶（sour cream）	
2	大匙切碎的新鮮巴西里（parsley）	
½	小匙第戎芥末醬（Dijon mustard）	
2	根蔥，切蔥花	
1	瓣大蒜，去皮切碎或用壓蒜器壓碎	
½	小匙新鮮檸檬汁	
	少許現磨黑胡椒	
	一撮粗鹽	
1½	大匙酸豆（capers），切碎	
¼	小匙芹菜籽（celery seeds）	

  份量：4人份 · 積極 & 全程準備時間：5分鐘

義式烤麵包片 bruschetta
（或是大蒜吐司，我女兒這麼叫它
or "garlic toast" as my daughter calls it）

這是我最常被要求製作的配菜，可能也是做法最簡單的。略呈金黃褐色，帶有
大蒜和橄欖油風味，它可以為所有主菜增色不少。麵包越新鮮越好，做出來的
義式烤麵包片就越好吃，所以絕對值得你專程造訪麵包店，購買一條新鮮的鄉
村麵包，如 pane Pugliese，可以使成品更為完美。

1　條 pane Pugliese（或你最喜愛
　　的鄉村麵包），切成¾吋約2公
　　分的厚片

2　大瓣大蒜，去皮切半

　　特級初榨橄欖油

　　粗鹽

將麵包片以中度火候，烤到變金黃褐色，每面約1分鐘。將麵包的兩面，都
用大蒜的切面抹一下。其中一面澆上大量的橄欖油（至少1½大匙）。撒上粗
鹽後上菜。

 份量：4人份 · 積極 & 全程準備時間：10分鐘

茉莉香米
fragrant jasmine rice

茉莉香米是緊急時的救星 — 短時間即可煮好，適合臨時需要做出一些穀物料理時。這個版本加入了八角和小荳蔻，增添了幾許亞洲風味。

1	杯茉莉香米（要更健康，可使用茉莉糙米代替，遵照包裝烹煮建議）
1¾	杯清水
1	整顆八角（star anise）
2	根完整的小荳蔻莢（cardamomm pods），種籽分開，空莢丟棄
1	大撮馬爾頓海鹽（Maldon）

在一個小型湯鍋內，混合所有材料，加熱到沸騰，轉成小火慢燉，蓋上蓋子，煮15分鐘。離火，靜置10分鐘，不要掀開蓋子。用叉子刮鬆後上菜。

note 注意：**根據包裝米上的說明，來決定米和水的比例。**

份量：4人份 • 積極準備時間：5分鐘
全程準備時間：25分鐘

breakfast

早餐

大家都說，早餐是一天當中最重要的一餐 ...

我家裡的人都對早餐異常執著，因此大概會同意這種說法。早餐提供了一個機會，讓你可以對所愛的人，完全滿足他們的自我主張，而且不需費太大的力氣。原味煎餅？要加上巧克力片和香蕉？要稀麵糊做出可麗餅，配上花生巧克力醬和格魯耶爾起司 (Gruyère)？每個人都有權表達自己的喜好，不管是不是很怪異。烤貝果配上醃燻鮭魚 (nova) 和奶油起司 (cream cheese)？要塗上奶油？洋蔥貝果不要烤，配花生醬和果醬？ — 這個可不行。每個人的獨特口味，可以很容易地被滿足 — 端上一大碗果麥脆片 (granola)，旁邊擺上一列配料 — 莓果、亞麻粉、優格、鮮奶、豆漿和麻仁乳。下廚的人只要略做調整，就可以端出各種不同的選擇 ... 可以按照自己的喜好享用早餐，每個人都會覺得自己備受寵愛。

朝鮮薊和帕瑪善義大利蛋餅
artichoke & parmesan frittata

有人來家裡吃早午餐(**brunch**)的時候,我常常做義大利蛋餅。做法簡單又美味,只要利用冰箱現有或當季的食材。你可以按照以下的步驟,加入喜歡的材料,做出自己的版本。它可以熱食,也可室溫上菜,當你一次需要準備很多道食物時,就會方便不少。

1　大匙無鹽奶油

1　大匙特級初榨橄欖油

2　大顆紅蔥頭(shallots),
　　去皮切薄片

1　杯煮好的朝鮮薊心(artichoke
　　hearts),切片成¼吋約0.6公
　　分的厚度

1　小匙新鮮茵陳蒿(terragon)葉,
　　切絲

　　粗鹽

　　現磨黑胡椒

6　大顆有機雞蛋

½　杯鮮奶

2　盎司帕瑪善起司(Parmesan),
　　磨碎(約⅓杯60克)

烤箱預熱到190℃(375°F)。

　　在一個直徑10吋約25公分的鑄鐵平底鍋內,以中火加熱奶油和橄欖油。嫩煎(sauté)紅蔥頭約6分鐘,直到變軟帶金黃褐色。加入朝鮮薊和茵陳蒿,以鹽和胡椒調味。

　　同時,在攪拌盆內,打散雞蛋和鮮奶混合。倒在朝鮮薊和紅蔥頭上,加熱約5分鐘,直到邊緣定型(中央仍是流動的蛋液)。撒上起司,送入烤箱烤8分鐘,應該會是剛剛好烤熟的程度。

   份量:4人份 · 積極準備時間:20分鐘 · 全程準備時間:½小時

慢烤番茄、羅勒和醃燻起司義大利蛋餅
slow-roasted tomato,
basil & smoked mozzarella frittata

1　大匙無鹽奶油

1　大匙特級初榨橄欖油

2　大顆紅蔥頭（shallots），
　　去皮切薄片

　　粗鹽

　　現磨黑胡椒

6　大顆有機雞蛋

½　杯豆漿

6　半顆（3整顆）慢烤番茄
　　（見32頁），再切半

1　小碗（約6盎司180克）淺煙燻
　　莫札里拉起司（lightly smoked
　　mozzarella），撕成易入口大小

2　大片新鮮羅勒葉（basil），撕碎

 份量：4人份 · 積極準備時間：20分鐘 · 全程準備時間：½小時

烤箱預熱到190℃（375°F）。

　　在一個直徑10吋約25公分的鑄鐵平底鍋內，以中火加熱奶油和橄欖油。嫩煎（sauté）紅蔥頭約6分鐘，直到變軟帶金黃褐色。以足夠的鹽和胡椒調味。

　　同時，在攪拌盆內，打散雞蛋和豆漿混合。倒在紅蔥頭上。平均地放入番茄、起司和羅勒。加熱約5分鐘，直到邊緣定型（中央仍是流動的蛋液）。送入烤箱烤8分鐘，應該會是剛剛好烤熟的程度。

香料蘋果脆馬芬 spiced apple crumb muffins

以下這兩道馬芬食譜，來自於我的好友達琳 Darlene 的健康食譜。D，我都是
這麼叫她的，是以另類原料進行烘焙的權威。斯佩特小麥粉(spelt flour)比一般
的小麥具更多的營養價值，也更容易吸收。這屬於延壽飲食(Macrobiotic)，而
且十分健康，我的孩子和訪客，都會一口接一口的吃下肚。

表面脆皮(crumb topping)的部分

¼ 杯斯佩特小麥粉(white spelt flour)

¼ 杯全麥斯佩特小麥粉(whole spelt flour)

¼ 杯原片大燕麥(whole rolled oats)(非即溶，非碎粒)

¼ 杯未精煉黑糖(unrefined dark brown sugar)

2 小匙肉桂粉(ground cinnamon)

1 小撮海鹽

2 大匙蔬菜油

1 大匙豆漿

馬芬(muffins)的部分

1 大匙玉米粉(corn starch)

1 杯去皮蘋果小丁(約2顆小蘋果的份量)

½ 杯蔬菜油，外加2大匙來抹在烤模內

½ 杯又2大匙的楓糖

½ 杯又2大匙的豆漿

1 杯斯佩特小麥粉

1 杯全麥斯佩特小麥粉

2¼ 小匙泡打粉(baking powder)

½ 小匙小蘇打粉(baking soda)

¼ 小匙細鹽

2 小匙肉桂粉

½ 小匙眾香子粉(ground allspice)

½ 杯稍微烤過的核桃，切碎

烤箱預熱到180°C（350°F）。將一只12個馬芬的烤盤(12-cup muffin tin)鋪上烘焙紙，或抹上2大匙的蔬菜油。

表面脆皮的部分，將所有的乾性材料，在小碗裡混合，加入蔬菜油和豆漿，用雙手混合──質地會變得粗糙砂礫狀。將麵屑碎粒靜置一旁備用。

馬芬的部分，在小碗裡，混合蘋果丁和玉米粉。在另一個大碗裡，將½杯的蔬菜油與所有的楓糖和豆漿，攪拌混合。將剩下的材料(除了核桃以外)過篩加入，並放入蘋果和核桃。平均地將麵糊倒入馬芬模中，烘烤25-30分鐘，直到插入牙籤時不會沾黏。

 份量：一打馬芬 • 積極準備時間：15分鐘
全程準備時間：45分鐘

香蕉核桃馬芬
banana walnut muffins

¼ 杯又2大匙芥籽油(canola oil)

1 杯全麥斯佩特小麥粉(whole spelt flour)

1 杯斯佩特小麥粉(white spelt flour)

½ 杯大麥麵粉(barley flour)

1 小匙小蘇打粉(baking soda)

1 小匙細鹽

3 根很熟的中型香蕉

½ 杯楓糖(real Vermont maple syrup)

¼ 杯糙米糖漿(brown rice syrup)

1 大匙香草精(vanilla extrat)

½ 杯葡萄乾

½ 杯烤過的核桃,切碎

份量:一打馬芬 · 積極準備時間:15分鐘

全程準備時間:45分鐘

烤箱預熱到180℃（350℉）。將一只12個馬芬的烤盤(12-cup muffin tin)鋪上烘焙紙,或抹上2大匙的芥菜籽油。

　　將小麥粉、大麥粉、小蘇打粉和鹽,過篩到一個中型碗中。用食物料理機或果汁機,將香蕉打成泥,加入 ¼ 杯的芥籽油、楓糖、糙米糖漿和香草精,再快速攪打一下混合。在小麥粉中央做出一個凹洞,倒入香蕉泥。稍微攪拌混合後,加入葡萄乾和核桃(不要過度攪拌,否則馬芬會變硬)。用冰淇淋杓平均地將麵糊倒入馬芬模中,烘烤約25分鐘,直到插入牙籤時不會沾黏。取出在烤盤內冷卻數分鐘,再移到網架上。

招牌果麥脆粒
favorite granola

我非常喜歡經典果麥脆粒（classic granola），這個版本添加了一些印度辛香料。
味道較爲新鮮刺激。

 2 杯原片大燕麥（whole rolled oats）（非即溶，非碎粒）

 ½ 杯生的整顆杏仁

 ¼ 杯南瓜籽

 ¼ 杯葵花籽

 ½ 小匙印度什香粉（garam masala）

 ¼ 小匙肉桂粉（ground cinnamon）

 ¼ 小匙細鹽

 ½ 杯楓糖（real Vermont maple syrup）

 3 大匙淡度龍舌蘭花蜜（light agave nectar）或糙米糖漿（brown rice syrup）

 2 大匙蔬菜油

 ½ 杯乾燥蔓越莓（cranberries），切碎

份量：約3杯 · 積極準備時間：10分鐘
全程準備時間：½ 小時外加冷卻時間

烤箱預熱到180℃（350℉）。

　　在一個大碗裡，攪拌混合燕麥、杏仁、南瓜籽、葵花籽、辛香料和鹽。在一個小碗裡，混合楓糖、花蜜和蔬菜油，然後倒入燕麥大碗裡混合。將拌均勻的果麥倒入一個不沾烤盤，或鋪上烘焙紙並撒上一點蔬菜油的一般烤盤上，烘烤15-20分鐘，中間不時翻動，直到呈均勻的金黃色。如果你喜歡塊狀果麥，烤盤取出後，將果麥擠壓成⅓吋約0.8公分厚，讓它完全冷卻，再用雙手剝成小塊。如果你喜歡鬆散不成塊的，就將果麥均勻地撥散開來，待其冷卻。接著將冷卻的果麥和蔓越梅混合。放在密閉容器中，可以保存2-3個月。

媽媽的藍莓馬芬
blythe's blueberry muffins

無敵美味。我從小吃媽媽完美的藍莓馬芬長大 ── 使我對馬芬的要求很高 ──
它的甜味和酸度之間平衡抓得剛剛好。當我懷我女兒的時候,一直不斷地要媽
媽做給我吃。

8 大匙(1條)無鹽奶油,融化後
　 冷卻

2 大顆有機雞蛋

½ 杯鮮奶

2 杯未漂白多用途麵粉(中筋)

¾ 杯又1小匙砂糖(granulated
　 sugar)

2 小匙泡打粉(baking powder)

½ 小匙細鹽

2½ 杯新鮮藍莓

 份量:一打馬芬 · 積極準備時間:15分鐘
全程準備時間:45分鐘

烤箱預熱到190℃(375°F)。將一只12個馬芬的烤盤(12-cup muffin tin)鋪上
烘焙紙杯。

　　在碗裡將融化的奶油、雞蛋和鮮奶,一起攪拌均勻。在另一個碗裡,
加入麵粉、¾杯的砂糖、泡打粉和鹽攪拌。將溼性材料加入乾性材料中,並
加入藍莓混合。均勻地分配到馬芬模上,並撒上剩下1小匙的砂糖。烘烤約
20-30分鐘,直到牙籤插入不會沾黏,並呈黃褐色。最好趁熱食用。

更健康的藍莓馬芬
healthier version of the blueberry muffins

這個版本是由斯佩特小麥粉做成的，完全不加糖而且是純素（vegan）。
在我家裡，這些馬芬仍然大受歡迎。

½ 杯蔬菜油

½ 杯豆漿

½ 杯楓糖（real Vermont maple syrup）

¼ 杯淡度龍舌蘭花蜜（light agave nectar）

1 杯斯佩特小麥粉（white spelt flour）

1 杯全麥斯佩特小麥粉（whole spelt flour）

2 小匙泡打粉（baking powder）

½ 小匙細鹽

2½ 杯新鮮藍莓

份量：一打馬芬 • 積極準備時間：15分鐘
全程準備時間：45分鐘

烤箱預熱到190℃（375℉）。將一只12個馬芬的烤盤（12-cup muffin tin）鋪上烘焙紙杯。

　　將溼性材料混合在一起，再加入乾性材料，然後加入藍莓混合。均勻地將麵糊分配到馬芬模上，烘烤約20-30分鐘，直到牙籤插入不會沾黏，並呈黃褐色。等待冷卻後食用（如果你可以等的話…）。

辮子麵包法式吐司
challah french toast

我的獨特早餐。不論是一天的哪個時刻，家人都喜歡要求我做這個來吃。我認為，辮子麵包無庸置疑的具有做出完美法式吐司所需的風味和口感。

1 根香草莢或1小匙香草精（vanilla extract）（利用空莢來製作香草糖，見31頁）

2 大顆有機雞蛋

1 杯鮮奶

8 片 ¾ 吋約2公分厚的皮力歐許辮子麵包片（challah bread or brioche）

2 大匙無鹽奶油

1 小匙粗粒砂糖（coarse sugar）

1 根香蕉，去皮

糖粉（powdered sugar），上菜用

楓糖（real Vermont maple syrup），上菜用

將香草莢縱切成兩半，用刀尖刮出所有的香草籽，倒入小碗內，和1小匙的熱水混合，打入雞蛋，攪拌混合均勻。加入鮮奶攪拌。將麵包浸入，兩面都沾裹上蛋汁。

　　同時，在一個大型平底鍋內，以中-大火，融化奶油，加入可以容納的麵包。在每片麵包上，撒上一點粗粒砂糖。煎約2分鐘，直到底部變金黃褐色，外層變酥脆。翻面，撒上一點粗粒砂糖。再煎1-2分鐘，直到另一面也變得金黃褐色。移到盤子上，重複同樣的步驟，煎完所有的法式吐司。將香蕉切成薄片，放在法式吐司上，撒上糖粉，配上大量楓糖後上桌。

 份量：4人份 · 積極 & 全程準備時間：15分鐘

鹹味粥
savory rice bowl

現在我們才是玩真的。我喜歡鹹味早餐 — 這道食譜正是投我所好。我第一吃到這個，是在日本寺院靜修時 — 別問我為什麼，說來話長。那是一次很棒（很有意思）的經驗，而這一小碗稀飯是最好的部分。我回到家後，嘗試再度創造出來。

1　杯短梗糙米

6　杯清水，分成兩份

　　醬油，上菜用

　　麻油，上菜用

　　芝麻和海苔香鬆（可在日本超市購得），上菜用

　　蔥絲，上菜用

　　韓國泡菜，切碎，上菜用

　　海苔絲，上菜用

將米洗淨，倒入平底深鍋內，加上5杯清水。加熱到沸騰後，轉到最小火，蓋上蓋子，煮1½小時。　糙米應變得很軟，加入剩下的1杯水，再煮15-30分鐘。稀飯的質感應濃稠如燕麥粥。

　　上菜時，將稀飯舀到四個小碗內，根據個人口味，添加上剩餘的材料。

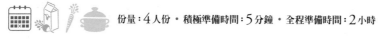

份量：4人份 • 積極準備時間：5分鐘 • 全程準備時間：2小時

右頁：**鹹味粥**（上），**甜味粥**（下）

甜味粥
sweet rice bowl

我好愛這個溫暖而夢幻般的楓糖粥。有時候我趕時間，就會從冰箱拿出一些剩下的糙米飯，加上一點米漿，以這樣的方式做出一頓早餐。開始健康一天的絕佳方式。

1　杯短梗糙米（short-grain brown rice）

6　杯水，分成兩份

　　楓糖（real Vermont maple syrup），上菜用

⅓　杯杏仁，上菜用（我喜歡整顆的生杏仁，但是烤過切碎的也很棒）

將米洗淨，倒入平底深鍋內，加上 5 杯清水。加熱到沸騰後，轉到最小火，蓋上蓋子，煮 1½ 小時。 糙米應變得很軟，加入剩下的 1 杯水，再煮 15-30 分鐘。稀飯的質感應濃稠如燕麥粥。

　　上菜時，將稀飯舀到四個小碗內，添加上杏仁和自由份量的楓糖。

份量：4人份 · 積極準備時間：5分鐘 · 全程準備時間：2小時

燕麥粥
oatmeal

有時候，大清早就是要來碗熱騰騰的燕麥粥，尤其是加上楓糖、莓果、或我的
健康綜合堅果粉（seed mix）— 或任何你喜歡的材料。我不用全脂鮮奶，而用豆
漿、杏仁奶、米漿或水（看點菜的是誰而定）。

1　杯原片大燕麥（whole rolled
　　oats）（非即溶，非碎粒）

3　杯清水、豆漿、杏仁奶、米漿或
　　一般鮮奶

1　小撮鹽

　　藍莓、黑莓、香蕉片、杏仁、葡
　　萄乾、楓糖、亞麻籽和／或綜合
　　堅果粉（見222頁）— 你喜歡的
　　任何配料皆可

將燕麥、水和鹽在一個平底深鍋裡混合，以中火加熱。沸騰後轉成小火慢燉
5-7分鐘，不時攪動，直到燕麥粥煮到你想要的質感。上菜時加上自己喜歡
的材料，或綜合幾種口味一起享用。

份量：4人份 · 積極 & 全程準備時間：10分鐘

想要做成全素版（vegan），可以用豆漿、杏仁奶或米漿，來取代鮮奶。

布魯斯‧派特洛的全球聞名煎餅
bruce paltrow's world-famous pancakes

如果說有一張畫面能夠捕捉我父親最完整的面貌 ── 也就是說這張畫面，容納了他所有的特質和精神 ── 那就是當他彎著腰，專注地在鑄鐵平底鍋前，製作他聞名全球煎餅的時刻。這些小煎餅，數十年來，已成為我們的家庭傳奇。他最初是從 *the Joy of Cooking* 這本書裡看到食譜，然後一年一年地不斷改進到近乎完美的地步。這裡所列的做法，做出來的煎餅味道，幾乎和他的一模一樣，使我有時難以下嚥，彷彿隨時會看到他踏進廚房。

3　杯未漂白多用途麵粉（中筋）

¼　杯又2大匙砂糖（granulated sugar）

1　大匙又½小匙泡打粉（baking powder）

2　小匙細鹽

3　杯白脫鮮奶（buttermilk）

6　大匙無鹽奶油，融化後冷卻，外加烹調所需的份量

6　大顆有機雞蛋

1　杯以內的鮮奶，用來稀釋麵糊

　　楓糖（real Vermont maple syrup），溫熱過，上菜用

在一個大碗裡，混合所有的乾性材料。在另一個碗裡，攪拌混合白脫鮮奶、奶油和雞蛋。將溼性材料加入乾性材料中，稍微攪拌到混合即可（如果還有一些顆粒狀也無所謂）。將麵糊蓋好，靜置一晚。第二天早上，加熱鑄鐵平底鍋或你最喜歡的不沾平底鍋，加上一點奶油。在麵糊裡加入適量的鮮奶稀釋 ── 麵糊越濃稠，做出來的煎餅質地越厚；麵糊越稀，煎餅越輕薄細緻 ── 兩者之間沒有絕對的對錯。用平底鍋來煎，當煎餅表面產生氣泡時，即可翻面。再煎2-3分鐘，移到盤子上，加上大量溫熱的楓糖享用。

 份量：3打5吋約12公分大的煎餅 ‧ 積極準備時間：20分鐘
全程準備時間：20分鐘外加一整晚麵糊靜置的時間

媽媽的鹹味麵包布丁
blythe's savory bread pudding

當媽媽的演藝同事，來家裡吃一頓輕鬆又優雅的早午餐時，她常做這個。在門鈴響起之前，食物就可以準備好，餐桌也可以擺好，客人一到，她就可以放輕鬆和他們聊天。它的熱量頗高，所以不適合作爲每天的早餐。最好能搭配**mimosa**調酒來平衡其濃膩感。

4　杯½吋約1.3公分大麵包丁（bread cubes）（我用的是1呎約25公分長的柔軟法國麵包，將表面脆皮去除）

2　大匙特級初榨橄欖油

　　粗鹽

4　大顆有機雞蛋

¾　杯高脂鮮奶油（heavy cream）

2　小匙切碎的新鮮百里香葉（thyme）

¼　小匙現磨黑胡椒

　　少許奶油，抹煎鍋用

½　杯磨碎的巧達起司（sharp Cheddar）

烤箱預熱到190℃（375°F）。

　　將麵包丁平鋪在烘焙紙上，並平均地澆上橄欖油，撒上一大撮鹽。烘烤7-8分鐘，中間翻拌一下，直到麵包丁變得金黃酥脆。

　　等待麵包丁冷卻的同時，將雞蛋、鮮奶油、百里香、胡椒和一撮鹽攪拌均勻。加入麵包丁，靜置10分鐘以上（或一整晚）。

　　將烤箱溫度設到180℃（350°F）。

　　將麵糊倒入抹上奶油的9吋約23公分蛋糕模（cake pan），或8吋約20公分的方型模（square pan）（或均勻倒入一人份的耐熱皿 ramekins 內）。撒上起司，烘烤20分鐘，直到起司開始冒泡，變成金黃色。趁熱食用。

 份量：4-6人份 ‧ 積極準備時間：25分鐘
全程準備時間：45分鐘以上

 材料可以事先準備好，要吃時，再開始烤。

編註：**mimosa** 是一種香檳或氣泡酒加上果汁的雞尾酒飲料。

炒蛋佐煙燻鮭魚及奶油起司醬
scrambled eggs with smoked salmon & cream cheese

如果你要招待很多人一起享用早餐，這是最佳選擇。如果有小孩子，就不要放
鮭魚，但他們會很喜歡奶油起司和細香蔥。

8　大顆有機雞蛋

　　一點鮮奶

　　一大撮粗鹽

　　少許現磨黑胡椒

　　一大塊無鹽奶油

⅓　磅（約150克）煙燻鮭魚，
　　撕成可入口大小

⅓　杯奶油起司（cream cheese）

2　小匙切碎的新鮮細香蔥
　　（chives），上菜用

 份量：4人份 · 積極 & 全程準備時間：10分鐘

將雞蛋打散，和鮮奶、鹽和胡椒攪拌混合。在一個大型不沾平底鍋內，以中火融化奶油。加入蛋液，靜置一分鐘，轉成中 - 小火，然後用木匙攪拌約1½分鐘，直到形成柔軟的炒蛋狀。加入鮭魚和奶油起司，轉到最小火，蓋上平底鍋的蓋子，加熱1½分鐘，直到起司開始融化。撒上細香蔥後上菜。

蛋餅
omelet

柔軟、份量足的蛋餅，可以任意地做成不同口味，以迎合家人的個別喜好。

1 大匙無鹽奶油

3 大顆有機雞蛋，完全攪散

粗鹽

現磨黑胡椒

你喜歡的任何內餡，如磨碎起司、煎蘑菇、慢烤番茄(見32頁)等

在一個小型平底鍋內(6-7吋約15-18公分)，以中火融化奶油。加入雞蛋，以少許鹽和胡椒調味。用一個盤子蓋在平底鍋上，加熱30秒，如果你要吃加上內餡的蛋餅，這時候就可以移開盤子，撒上自選的內餡材料，再蓋上蓋子，加熱30秒。移開蓋子(你看，現在就有一個溫熱好的盤子，來盛裝蛋餅了)，將平底鍋傾斜一下，看看雞蛋是否都煮熟了。再加熱30秒，然後用橡膠刮刀(spatula)塞入蛋餅中央下方，小心地將蛋餅摺成兩半，像闔上一本書一樣。將蛋餅拍一拍，再加熱1分鐘，然後用刮刀將它翻面，再加熱30-60秒。將蛋餅移到溫熱的盤子上，喜歡的話，再撒上一點鹽和起司。這樣做出來的蛋餅，外表呈較深的金黃褐色，如果你喜歡蛋餅嫩一點，可以將火候轉小一點。

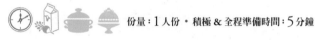 **份量：1人份 · 積極 & 全程準備時間：5分鐘**

desserts 甜點

我有一次翻閱比爾布福特 Bill Buford 所寫的

煉獄廚房食習日記 Heat，看到以下的名言：「你可以把你認識的人，分成基本兩大類：廚師和糕點師（cooks and bakers）。」我絕對屬於前者。在我的心目中，烘焙糕點、餅乾、蛋糕等，是非常科學化的操作 — 沒有甚麼隨興創造的空間。在本書的甜點部分，有些需要烘焙，但大部分都屬於較自由的做法，可以根據個人喜好調整口味。對我來說，在冰淇淋上加上一點自製的熱淋醬 hot fudge、一根香蕉和一些烤堅果，就是最佳甜點。常常，當我準備這些點心時，我想的是降低糖和其他無益材料的攝取量。我不希望孩子天天都超額吃甜食。因此本章的食譜，也許嚐起來彷彿很墮落的滿足，其實它們的原料都是比較健康的選擇。這是一位一樣講究健康的烘焙高手，達琳古斯 Darlene Gross 教我的小秘訣。

軟心巧克力布朗尼
fudge chocolate brownies

這大概是你能做出最健康的軟心布朗尼了，而滋味一樣甜美。

2　杯斯佩特小麥粉（white spelt flour）

1　杯高品質的可可粉（cocoa powder）

1½　大匙泡打粉（baking powder）

1　撮細鹽

½　杯蔬菜油

1　杯楓糖

½　杯糙米糖漿（brown rice syrup）或淡度龍舌蘭花蜜（light agave nectar）

½　杯自己煮的濃咖啡（strong brewed coffee）

½　杯豆漿

1　大匙香草精（vanilla extract）

1　杯高品質的巧克力豆（chocolate chips），分成兩份（若要無糖，選擇自然穀物甜味的 grain-sweetened 巧克力豆）

烤箱預熱到180℃（350°F）。在烤盤內（我用的是9×11吋約23×28公分大小，高2吋約5公分）抹上蔬菜油。

　　將小麥粉、可可粉、泡打粉和鹽，一起過篩到一個大攪拌盆內。在另一個碗裡，攪拌混合½杯的蔬菜油、楓糖、糙米糖漿、咖啡、豆漿和香草精。將溼性材料加入乾性材料中，小心不要過度攪拌（這樣會做出質地堅硬的蛋糕）。將一半的麵糊倒入烤盤中。撒上一半的巧克力豆，接著再倒上另一半的麵糊，並撒上另一半的巧可力豆。烘烤30分鐘（如果烤盤較淺，就烤較短的時間，烤盤深，就烤久一點），直到用牙籤測試熟度時，只會蘸上一點巧克力（這就代表它已經成為最棒的軟心！）。待其冷卻後（如果你有耐心的話），切成小方塊，上桌。

份量：約8人份　•　積極準備時間：15分鐘
全程準備時間：45分鐘

祖父最愛的花生酥餅
grandad danner's favorite peanut butter cookies

這是參考自我外婆的古老配方，比起我的外公丹那 **Danner** 當時所愛吃的版本，
它的質地會較爲柔軟。花生酥餅是他最喜歡的食物，我的外婆常常做給他吃。
他在我七歲的時候就過世了，但我仍記得他滿頭銀髮，一邊喝著鮮奶，一邊嚼
著這些餅乾的樣子。

1¼ 未漂白多用途麵粉（中筋）

½ 小匙小蘇打粉（baking soda）

½ 小匙泡打粉（baking powder）

½ 小匙細鹽

8 大匙（1 條）無鹽奶油，回復到
室溫

¾ 杯質地滑順的花生醬，回復到
室溫

½ 滿杯黑糖（dark brown sugar）

½ 滿杯紅糖（light brown
sugar）

1 大顆有機雞蛋，回溫到室溫

1 小匙香草精（vanilla extract）

1 杯花生醬豆（peanut butter
chips）

¼ 杯細砂糖（granulated sugar）
（可省略）

 份量：約30片餅乾 ▪ 積極準備時間：10分鐘
全程準備時間：20分鐘

烤箱預熱到180°C（350°F）。

　　在一個中型碗裡，將所有的乾性材料攪拌混合。在一個大碗裡，將奶油、
花生醬、和兩種糖均勻混合。加入雞蛋和香草精混合。分三次加入乾性材料，
攪拌到質地變滑順。加入花生醬豆混合。將麵糊塑型成高爾夫球大小和形狀
（每個約1½大匙）。這時候，可以滾上細砂糖，或直接用叉子稍微壓扁。接
著放入不沾烤盤裡，烘焙10分鐘，烘烤中途，將烤盤轉面。烤好將餅乾放到
網架上冷卻後上桌。

燕麥葡萄乾餅乾
oatmeal raisin cookies

這絕對是我最愛的健康點心。它們毫無負擔，幾乎不能稱做餅乾，雖然它的口味一樣迷人濃郁。

½　杯葡萄乾

¾　杯烤過的核桃

1　杯原片大燕麥（whole rolled oats）（非即溶，非碎粒）

½　杯斯佩特小麥粉（white spelt flour）

¾　杯全麥斯佩特小麥粉（whole spelt flour）

1½　小匙肉桂粉（ground cinnamon）

1　小匙小蘇打粉（baking soda）

½　小匙細鹽

⅓　杯蔬菜油

⅓　杯楓糖（real Vermont maple syrup）

⅓　杯糙米糖漿（brown rice syrup）

2　小匙香草精（vanilla extract）

烤箱預熱到180°C（350°F）。在烤盤上鋪上烘焙紙。

　　將葡萄乾用小碗泡在滾水裡，使其恢復飽滿。

　　同時，用小型食物料理機，將核桃和½杯的燕麥攪碎。倒入一個大碗裡，加入剩餘的乾性材料混合。在小碗裡混合溼性材料，然後加入乾性材料中。攪拌混合。將葡萄乾瀝乾後加入。用大湯匙將麵糊舀到烤盤上。烘烤13-15分鐘，直到變金黃褐色。取出放在網架上冷卻。

 份量：約18片餅乾　·　積極準備時間：15分鐘
全程準備時間：½小時

"I don't have a sweet tooth. *All* my teeth are sweet."

「我沒有一顆甜食牙啦，我的牙齒全部都是甜的。」

— MOSES

譯註：a sweet tooth 意指愛吃甜食的人。

自製冰淇淋沙士
homemade root beer floats

在我小時候，爸爸會帶我去 **A&W drive-in**，去吃那裡的熱狗和他最愛的甜點：冰淇淋沙士。爸爸非常喜歡沙士，早早灌輸了我它的好處。一直到我長大，開始看到沙士罐上的原料說明，才發現真相，知道不能多喝。我一直思考著，做出自己的有機版本，不加任何玉米糖漿(**corn syrup**)，會不會很難。結果是，一點都不難。當我們研究出做法的那一天，我四歲的女兒剛好走進廚房，問我在喝什麼。我說：「沙士。」她睜著大大的藍眼睛看著我，「那是什麼呀？」這裡的食譜比市售的沙士健康多了，因此我不怕讓她自行去發現這個答案。

2 杯清水

2 顆丁香(cloves)

8 顆胡椒粒(peppercorns)

¼ 杯黃樟木萃取液(sassafras extract)

¼ 杯未精煉黑糖(unrefined dark brown sugar)

2 吋長約 5 公分的生薑，去皮，用刀身拍碎

　　氣泡水(carbonated water)

4 球香草冰淇淋

在一個小鍋子裡，混合清水、丁香、胡椒粒、黃樟木萃取液、糖和薑。加熱到沸騰後轉小火，慢燉直到形成糖漿狀，約 10 分鐘。讓糖漿冷卻，然後過濾掉固體部分，分裝到四個小玻璃杯中。用氣泡水稀釋，使沙士到達你想要的濃度(我喜歡 ⅔ 的高度)。在每一個玻璃杯中，都加入一球冰淇淋。人間美味。

note 注意：黃樟木萃取液可以在 Flower Power Herbs & Roots 這家店買到(位於紐約 East Village 的特色店，參閱 flowerpower.net)。

份量：4 人份 · 積極準備時間：10 分鐘
全程準備時間：15 分鐘外加冷卻時間

拉羅的招牌餅乾
lalo's famous cookies

拉羅 LALO（我的孩子對我母親的暱稱 — 誰想被叫做外婆呢？）所做的這些餅乾，其美味遠近馳名。它對健康有益 — 我甚至讓孩子當早餐吃 — 完全不含任何有害物質。我用不沾烤盤來烘烤。

4 杯大麥麵粉（barley flour）

3 杯整顆生杏仁，用食物料理機打碎，約以高速跳打（pulse）10次，每次2秒

1 小匙細鹽

1 小匙肉桂粉（ground cinnamon）

1 杯芥籽油（canola oil）

1 杯楓糖（eal Vermont maple syrup）

你最喜愛的果醬（藍莓、覆盆子和杏桃都很美味）

烤箱預熱到180℃（350°F）。

　　將所有的材料，除了果醬以外，用木匙攪拌混合在一個大碗裡。塑型成大湯匙般大小的球狀，均勻地鋪在烤盤上。用食指在每個餅乾上戳一個凹痕，裝入1小匙的果醬。烘焙到餅乾轉成均勻的金黃褐色，約20分鐘。冷卻後食用。

份量：約為50片餅乾 · 積極準備時間：25分鐘
全程準備時間：45分鐘

石榴冰沙
pomegranate granita

想要享受健康美味又清涼的甜點時，來份冰沙最簡單了。我很喜歡這個 — 我叫它：Granita Granada（*granada* 是石榴的西班牙文）。無糖，無乳製品成分，完全天然健康。

2 杯新鮮石榴汁

1 大匙新鮮檸檬汁

¼ 杯淡度龍舌蘭花蜜（light agave nectar）

¼ 杯新鮮石榴籽（pomegranate seeds）

將果汁和花蜜攪拌混合，倒入 8 吋大約 20 公分的金屬派模（metallic pie pan），或其他相似大小的容器中。冷凍 1 小時，從冰庫取出後，用叉子刮表面。在接下來的兩小時內，每隔 15 分鐘，就重覆這樣的步驟。這樣做可以產生像雪酪片（flakes of sorbet）般的冰沙。或者，你也可以將它冷凍一整晚，在上桌前再刮它。上桌時，用杓子舀到 6 個玻璃杯或小碗中，撒上新鮮石榴籽。

note 注意：為了得到最佳色澤和口味，請使用超市冷藏區 100% 的石榴汁。

 份量：6 人份 • 積極準備時間：15 分鐘 • 全程準備時間：3 小時

馬格麗塔冰沙
margarita granita

這可不是給小孩子喝的冰沙 — 這是大人的特殊宴會飲料，或者也可當作夏日夜晚的小杯餐前酒。

1　顆萊姆的果皮（zest）

½　杯新鮮萊姆（lime）汁，
　　約為4-5顆中型萊姆

¼　杯淡度龍舌蘭花蜜（light agave
　　nectar）

1　杯清水

¼　杯最優質的龍舌蘭酒（tequila）

將所有材料攪拌均勻。倒入8吋大約20公分的金屬派模（metallic pie pan），或其他相似大小的容器中。冷凍1小時，從冰庫取出後，用叉子刮表面。在接下來的兩小時內，每隔15分鐘，就重覆這樣的步驟。這樣做可以產生像雪酪片（flakes of sorbet）般的冰沙。或者，你也可以將它冷凍一整晚，在上桌前再刮它。上桌時，用杓子舀到6個玻璃杯中（喜歡的話，可以在杯緣抹上鹽）。

 份量：6人份 ‧ 積極準備時間：15分鐘 ‧ 全程準備時間：3小時

外婆的俄羅斯雪球
mutti's pecan butterballs

我的外婆慕蒂 Mutti，是一個 ... 怎麼說呢？很特別的人。她最為神采煥發的時候，往往是在招待賓客 — 下廚、歌唱、烘焙時。這些雪球曾是我們家裡過聖誕節的重頭戲。慕蒂會充滿愛心的滾上糖粉，即使它們一下子就吃光消失。小心不要被糖粉嗆到！

16　大匙（2條）無鹽奶油，回復到
　　室溫

　2　杯胡桃（pecans），切碎，
　　或用食物料理機打碎

2½　杯未漂白多用途麵粉（中筋）

　　一撮細鹽

½　杯又2大匙的糖粉
　　（powdered sugar）

烤箱預熱到180℃（350℉）。

　　將所有的材料，除了½杯的糖粉以外，在一個大型攪拌盆內，用雙手混合。接著塑型成1大匙份量的球狀，平鋪在兩個不沾烤盤上。烘烤20分鐘，烘烤到一半時間時，將烤盤轉面。冷卻後，輕輕地在½杯的糖粉上滾動。將剩下的糖粉過篩到雪球上。儲藏在餅乾盒內，可以保存一週。

 份量：約為50片餅乾　‧　積極準備時間：25分鐘
全程準備時間：45分鐘

藍莓巴伐洛娃
blueberry pavlova

巴伐洛娃做法簡單，不易出錯。使用新鮮的藍莓或其他你喜歡的莓類 — 搭配蛋白霜，真是美味極了。我喜歡在做完手工義大利麵後做這個，這樣就不會浪費蛋白。

4　大顆有機雞蛋的蛋白

　　一撮細鹽

½　小匙白酒醋

¾　杯又2大匙砂糖（granulated sugar）

1　大匙玉米粉（corn starch）

½　小匙香草精（vanilla extract）

1　杯高脂鮮奶油（heavy cream）

1½　杯新鮮藍莓，外加上菜所需分量

烤箱預熱到180℃（350°F）。

　　在電動攪拌機所附的碗裡，混合蛋白、鹽和白酒醋，用高速攪拌到提起攪拌機，尖端形成微微下垂柔軟立體的濕性發泡（soft peaks）狀態。在小碗裡混合¾杯的糖和玉米粉，分三次加入蛋白裡混合，每次加入後，都充分攪拌混合。加入香草精後攪拌到提起攪拌機，尖端形成直立的堅硬立體（stiff peaks）狀態。

　　在烤盤上鋪上烘焙紙，用湯匙舀上8大匙的蛋白霜，塑成圓型，並在中央以匙背將蛋白霜塑成凹槽狀。烘烤10分鐘，再降低溫度到90℃（200°F），烘烤1小時。熄火，讓蛋白霜在烤箱裡冷卻1小時，用木匙將烤箱門撐開一條縫隙。

　　同時，將剩下的2大匙糖和鮮奶油攪拌打發。在小碗裡，用湯匙或馬鈴薯壓碎器，將½杯的藍莓壓碎，釋出果汁，然後和剩下的藍莓一起加入鮮奶油裡，或者，做為最後上菜的點綴。均勻地將鮮奶油分配到蛋白霜的凹槽內。以藍莓點綴後上桌。

 份量：8人份 · 積極準備時間：15分鐘 · 全程準備時間：2½小時

about the author

葛妮絲派特洛 Gwyneth Paltrow 是獲得奧斯卡金像獎的女演員、GOOP.com
的創辦人、和馬立歐巴塔力 Mario Batali 共同製作：*西班牙，烹飪美食之旅*
Spain, A Culinary Road Trip 節目，同時身兼兩個孩子的母親。倫敦和紐約，
都是她的生活重心。